中国新农科水产联盟"十四五"规划教材
教育部首批新农科研究与改革实践项目资助系列教材
水产类专业实践课系列教材
中国海洋大学教材建设基金资助

增殖工程与海洋牧场实验

盛化香　唐衍力　主编

中国海洋大学出版社
·青岛·

图书在版编目（CIP）数据

增殖工程与海洋牧场实验／盛化香，唐衍力主编 . 一青岛：中国海洋大学出版社，2021.11
水产类专业实践课系列教材／温海深主编
ISBN 978-7-5670-3014-5

Ⅰ.①增…　Ⅱ.①盛…　②唐…　Ⅲ.①水产资源—资源增殖—实验—教材　②海洋农牧场—实验—教材　Ⅳ.①S931.5
②S953.2

中国版本图书馆CIP数据核字（2021）第234716号

出版发行	中国海洋大学出版社
社　　址	青岛市香港东路 23 号　　**邮政编码**　266071
网　　址	http://pub.ouc.edu.cn
出 版 人	刘文菁
责任编辑	魏建功　丁玉霞
电　　话	0532-85902121
电子信箱	wjg60@126.com
印　　制	青岛国彩印刷股份有限公司
版　　次	2022 年 10 月第 1 版
印　　次	2022 年 10 月第 1 次印刷
成品尺寸	170 mm × 230 mm
印　　张	10.5
字　　数	150 千
印　　数	1—2 000
定　　价	45.00 元
订购电话	0532-82032573（传真）

总前言

2007—2012 年，按照教育部"高等学校本科教学质量与教学改革工程"的要求，结合水产科学国家级实验教学示范中心建设的具体工作，中国海洋大学水产学院组织相关教师主编并出版了水产科学实验教材 6 部，包括《水产动物组织胚胎学实验》《现代动物生理学实验技术》《贝类增养殖学实验与实习技术》《浮游生物学与生物饵料培养实验》《鱼类学实验》《水产生物遗传育种学实验》。这些实验教材在我校本科教学中发挥了重要作用，部分教材作为实验教学指导书被其他高校选用。

这么多年过去了，如今这些实验教材内容已经不能满足教学改革需求。另外，实验仪器的快速更新客观上也要求必须对上述教材进行大范围修订。根据中国海洋大学水产学院水产养殖、海洋渔业科学与技术、海洋资源与环境 3 个本科专业建设要求，结合教育部《新农科研究与改革实践项目指南》内容，我们对原有实验教材进行优化，并新编了 4 部实验教材，形成了"水产类专业实践课系列教材"。这一系列教材集合了现代生物、虚拟仿真、融媒体等先进技术，以适应时代和科技发展的新形势，满足现代水产类专业人才培养的需求。2019 年，8 部实验教材被列入中国海洋大学重点教材建设项目，并于 2021 年 5 月验收结题。这些实验教材不仅满足我校相关专业教学需要，也可供其他涉海高校或农业类高校相关专业使用。

本次出版的 10 部实验教材均属中国新农科水产联盟"十四五"规划教材。教材名称与主编如下：

《现代动物生理学实验技术》（第 2 版）：周慧慧、温海深主编；

《鱼类学实验》（第 2 版）：张弛、于瑞海、马琳主编；

《水产动物遗传育种学实验》：郑小东、孔令锋、徐成勋主编；

《水生生物学与生物饵料培养实验》：梁英、薛莹、马洪钢主编；

《植物学与植物生理学实验》：刘岩、王巧晗主编；

《水环境化学实验教程》：张美昭、张凯强主编；

《海洋生物资源与环境调查实习》：纪毓鹏、任一平主编；

《养殖水环境工程学实验》：董登攀、宋协法主编；

《增殖工程与海洋牧场实验》：盛化香、唐衍力主编；

《海洋渔业技术实验与实习》：盛化香、黄六一主编。

编委会

前言

　　增殖工程与海洋牧场是以海洋生物资源增养殖和渔业水域生态环境修复为研究对象，着重阐述和介绍人工鱼礁材料的种类和性能、人工鱼礁区的本底调查与选址、礁体结构与水动力学特性、人工鱼礁的工程设计和结构优化、人工鱼礁生物附着和增殖效果评价以及海洋牧场开发等核心技术的课程。增殖工程与海洋牧场实验是其配套的实践课程，是海洋渔业与技术专业必修的专业课程。

　　本书从人工鱼礁、海水养殖网箱、鱼类音响驯化及其他海洋牧场对象物种驯化控制技术等出发，借助先进的3D打印技术，系统地将增殖工程与海洋牧场理论与实践紧密结合起来，培养学生的基本实践技能。课程中，使用3D打印机设计与制作人工鱼礁礁体模型，结合模型水阻力实验、流场实验，以及鱼礁模型对鱼类的诱集实验等，可评估人工鱼礁模型的水动力性能和生物学性能，通过实验参数的分析，可进一步优化人工鱼礁礁体结构设计；通过网箱模型的制作、水动力实验、配重实验及分层实验，可实现学生对网箱的设计与优化的直观理解与掌握；通过音响驯化实验、气泡幕实验、标志实验及光照实验等，使学生掌握海洋牧场鱼类行为特性。通过一系列综合实验，可为学生将来从事海洋牧场、渔业生产和管理等工作打下良好的基础。

本书依据中国海洋大学海洋渔业技术实验室多年的研究成果和大量文献资料进行编撰，体现了专业特色和当代教学改革的特点，注重对学生实践能力和创新精神的培养，具有鲜明的特色和先进性。目前，还没有此类教材出版，本书的出版正好填补了这个空白。

　　由于作者的水平有限，书中难免存在一些不足之处，恳请读者及时指出，以便进一步充实和完善。

作者

于中国海洋大学

2021 年 12 月

目录

CONTENTS

第一部分

总 论

一、增殖工程与海洋牧场实验课目的和要求

1. 实验目的

（1）增殖工程与海洋牧场实验是在课堂讲授的基础上，通过实验使学生逐步掌握增殖工程与海洋牧场的基本操作技能，如鱼礁模型设计与制作、鱼礁水动力性能、养殖网箱模型设计与配重、鱼类音响驯化等；掌握水动力循环水槽、多普勒点式流速仪、六分力仪传感器、数字式应变数据采集仪、3D打印机、多参数水质分析仪等常用仪器设备的使用方法；熟悉增殖工程与海洋牧场实验设计的基本原则，验证和巩固增殖工程与海洋牧场学基本理论知识。

（2）通过实验现象的观察与数据分析，如模型礁对鱼类的诱集效果、模型礁的流场效应、养殖网箱分层现象、气泡幕对鱼类的阻拦效果和光照诱集鱼类效果等，使学生逐步提高对实验中各种实验现象的观察能力、分析能力、独立思考和解决问题的能力，培养学生严肃的科学态度、科学的方法和严谨的作风。

（3）通过系列的实验内容的训练，提高学生对增殖工程与海洋牧场整体的认知水平和实践能力，为学生进一步学习其他专业课程，以及将来从事海洋牧场、渔业生产和渔业管理等相关工作打下良好的基础。

2. 实验要求

（1）实验前必须认真预习实验教材，明确实验内容和要求、基本原理和简要操作步骤、注意事项；同时，还应复习有关理论课程内容，以便提高在实验过程中的主动性和工作效率，进一步巩固有关理论知识。对于设计性实验项目，实验方案需经教师检查认可后方可开始实验。

（2）在实验过程中，应认真仔细地进行操作，观察实验中出现的各种现象，如实地加以记录，并对其原因和意义进行分析与思考；实验器材要摆放整齐，布局合理，便于操作；要保持室内卫生，随时清除污物；实验桌上不得摆放与实验无关的物品；爱护仪器和实验动物，注意节约使用实验材料；

公用物品在使用后放回原处，以免影响他人使用；保持室内安静，不得嬉笑和高声谈话，以免影响他人实验；遵守实验室规则，注意实验小组的团结、配合和分工协作。

（3）实验结束时，应将实验设备整理就绪，放回原处。实验设备若有损坏和缺少，应立即报告指导教师；做好实验室清洁卫生工作；妥善处理实验动物，如果实验动物在实验结束时未死亡，应在实验指导教师的指导下处死，放于指定地点；整理实验记录，认真书写并及时交实验报告。

二、实验课安全须知

1. 水电事故应急处理方案

（1）溢水事故应急处理方案：立即关闭水阀，切断溢水区域电源，组织人员清扫地面积水，移动浸泡物资，尽量减少损失。

（2）触电事故应急处理方案：立即切断电源或拔下电源插头，若来不及切断电源，可用绝缘物挑开电线。在未切断电源之前，切不可用手去拉触电者，也不可用金属或潮湿的东西挑电线。触电者脱离电源后，使其就地仰面躺平，禁止摇动其头部，检查触电者的呼吸和心跳情况，呼吸停止或心脏停止跳动时应立即施行人工呼吸或心脏按压，并尽快联系医疗部门救治。

2. 火灾爆炸事故应急处理方案

（1）确定事故发生的位置，明确事故周围环境，判断是否有重大危险源分布及是否会带来次生灾难发生。

（2）依据可能发生的事故危害程度，划定危险区域，对事故现场周边区域进行隔离和人员疏导。

（3）如需要进行人员物资撤离，要按照"先人员、后物资，先重点、后一般"的原则抢救被困人员及贵重物资。

（4）根据引发火情的不同原因，明确救灾的基本方法，采取相应措施，并采用适当的消防器材进行扑救。

木材、布料、纸张、橡胶以及塑料等固体可燃材料的火灾，可采用水冷却法，但对珍贵图书、档案应使用二氧化碳灭火。

易燃可燃液体、易燃气体和油脂类等化学药品火灾，使用泡沫灭火剂、干粉灭火剂扑救。

设备火灾，应切断电源再灭火，因现场情况及其他原因，不能断电，需要带电灭火时，应使用沙子或干粉灭火器，不能使用泡沫灭火器或水。

可燃金属，如镁、钠、钾及其合金等火灾，应使用特殊的灭火剂，如干沙灭火器或干粉灭火器等来扑救。

（5）视火情拨打"119"报警求救，并到明显位置引导消防车。有人员受伤时，立即向医疗部门报告，请求支援。

3. 机械伤害事故应急处理方案

（1）立即关闭机械设备，停止现场作业活动。

（2）如遇到人员被机械、墙壁等设备设施卡住的情况，可直接拨打"119"，由消防队来实施解救行动。

（3）将伤员放置平坦的地方，实施现场紧急救护。轻伤员应送医务室治疗，之后再送医院检查；重伤员和危重伤员应立即拨打"120"急救电话送医院抢救。若出现断肢、断指等，应立即用冰块等封存，与伤者一起送至医院。

（4）查看周边其他设施，防止因机械破坏造成的漏电、高空跌落、爆炸现象，防止事故进一步蔓延。

4. 病原微生物感染应急处理方案

（1）如果病原微生物泼溅在实验人员皮肤上，应立即用75%的酒精或碘伏进行消毒，然后用清水冲洗。

（2）如果病原微生物泼溅在实验人员眼内，应立即用生理盐水或洗眼液冲洗，然后用清水冲洗。

（3）如果病原微生物泼溅在实验人员的衣服、鞋帽上或实验室桌面、地面，立即选用75%的酒精、碘伏、0.20% ~ 0.50%的过氧乙酸、500 ~ 1 000 mg/L有效氯消毒液等进行消毒。

三、实验报告撰写

实验报告的撰写是增殖工程与海洋牧场实验课的基本训练之一，应以科学态度，认真、严肃地对待，以便为今后撰写科研论文打下良好基础。

1. 传统实验报告

（1）实验结束后，每个学生均需根据实验指导教师的要求独立完成一份实验报告，并按时交指导教师评阅。

（2）实验报告要文字简练、通顺，书写清楚、整洁，正确使用标点符号。

（3）实验报告的格式与内容：

① 姓名、年级、专业、组别、日期。

② 科目、实验序号和题目。

③ 实验目的。

④ 实验材料。

⑤ 实验仪器设备和用品。

⑥ 实验方法：应根据指导教师的要求书写，重复使用的方法可以简要说明。

⑦ 实验结果：实验结果是实验报告的重要组成部分，应将实验过程中所观察和记录到的现象如实地、正确地记录和说明。对于定量实验的实验结果部分，应根据实验课的要求将一定实验条件下获得的实验结果和数据进行整理、归纳、分析和对比，尽量总结成各种图表，如原始数据及其处理的表格、标准曲线图等，同时，针对实验结果进行必要说明和分析。

⑧ 讨论与结论：讨论主要是根据所学到的理论知识，对实验结果进行科学的分析和解释，如实验的误差来源、实验方法的改进措施等，并判断实验结果是否达到预期，如果出现非预期实验结果，应分析其可能的原因。结论是从实验结果和讨论中归纳出一般性的判断，是这一实验所验证的基本概念、原理或理论的简要说明和总结，结论的撰写应该简明扼要。

2. 无纸化实验报告

在实验前建立自己的文件夹并填写实验信息表，实验结束时将实验项目、步骤、结果、分析和讨论以及记录的图形内容存入其中。指导教师根据实验报告、操作过程等综合评定学生的实验课成绩。

四、实验教学纪律

（1）遵守学习纪律，准时上、下课，实验期间不得借故外出或早退，特殊情况应向指导教师请假。

（2）实验时自觉遵守课堂纪律，保持室内安静，严格遵守实验室的各项规章制度和操作规程，不得进行与实验内容无关的活动。独立或分组合作完成实验操作。不严肃、不认真、违规操作、不接受教育者不得继续进行实验。

（3）严格按照教师的指导进行实验，不得动用与本实验无关的仪器设备和物品，不得擅自将实验室的任何物品带出实验室外。

（4）实验所得到的数据和实验记录必须经过指导教师审核，指导教师认可后，方可结束实验，并整理实验场地。

（5）实验态度认真，自己积极动手操作，如实记录实验数据，按照规范认真书写并按时完成实验报告，在规定的时间内及时将实验报告交给指导教师。

（6）爱护室内一切仪器设备，严格按照仪器使用指南操作，实验仪器设备用完后，及时归还原位。使用中若发现仪器有异常或损坏要及时报告指导教师。

（7）注意人身安全，进行水槽实验时要多人同时在场，并在教师的指导下进行实验。

（8）实验结束要及时将使用的仪器物品整理归位，清理实验室台面、地面及水槽的卫生，保持实验室的整洁。

（9）实验结束后，关闭实验室、操作台以及相关设备的电源、水源后，方可离开实验室。

（10）未参加实验、不交实验报告及实验报告经修改仍不合格者，不得参加本课程的考核。

五、实验教学考核与实验成绩评定

实验教学的考核内容包括学生出勤情况、实验准备情况、实验态度、实验完成情况、实验分析总结与实验报告撰写情况等。

（1）出勤情况、实验准备情况与实验态度等的考核成绩占实验成绩的20%。

（2）实验完成情况的考核成绩占50%。考核内容包含实验所用仪器操作步骤的正确性、采集数据的正确性、计算绘图的正确性等。

（3）实验分析总结与实验报告撰写情况的考核成绩占30%。

（4）一次实验课考核成绩满分为100分，整个课程考核成绩为该课程所有实验课的平均考核成绩，以百分制入档。

六、实验常用仪器

1. 水动力循环水槽

中国海洋大学水产学院于2004年安装运行水动力循环水槽（武汉理工大学设计；图1-1、图1-2），并设置了增养殖工程水动力实验室。水动力循环水槽整体主要由动力段、扩散段、整流段、收缩段、实验段、转弯段、抑波板、叶轮、水泵、调频电机和变频控制装置等组成。水槽槽体壁面为不锈钢板。

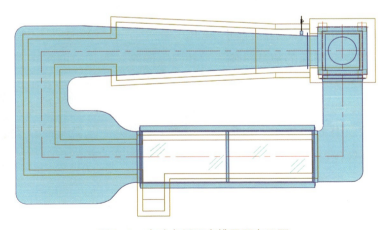

图1-1 水动力循环水槽平面布置图

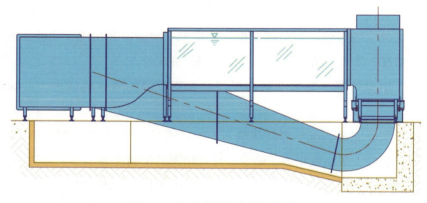

图 1-2 水动力循环水槽剖面图

实验段由 19.00 mm 厚的钢化玻璃、金属框架和塑料导轨组成，配有水速测试架和水动力测试台，实验段尺寸为 4.00 m（长）×1.20 m（宽）×1.00 m（水深），电机为 11.00 kW 调频电机，水容量 28.00 t（图 1-3）。

抑波板长度 0.60 m，主要功能为抑制波浪的形成，保证水体流速的稳定。

通过调节矢量变频器改变水槽中水流的速度，理论最大流速可以达到 2.00 m/s，能够实现的流速范围为 0 ~ 1.20 m/s，稳定均匀流速范围为 0.10 ~ 0.80 m/s。

为了有效地提高模型的性能，有必要研究模型周围的流动情况，观察模型周围的流场，测量其流速分布及压力分布。与拖曳水池相比，循环水槽较易于进行实验操作，具有投资小、占地少、见效快等优点。

图 1-3 水动力循环水槽实物图

2. 循环水养殖水槽

循环水养殖水槽（图 1-4）由聚丙烯板材制作，尺寸为 3.80 m（长）×2.00 m（宽）×1.10 m（高），实验时最高水深为 1.10 m，水槽外侧正中有一透明窗口［0.80 m（长）×0.50 m（宽）］，用以观测实验对象在水槽底部活动状况。水槽配有循环系统、制冷系统和监控系统，可进行鱼类行为相关的实验（图1-5）。

图1-4 循环水养殖水槽

图1-5 循环水养殖水槽进行鱼类音响驯化实验

3. Vectrino多普勒点式流速仪

Vectrino多普勒点式流速仪是一款高精度三维点式流速仪（图1-6），应用范围广阔，包括实验室测量、河道测量以及海洋测量。流速仪测量数据精度高，而且仪器自身不产生零点漂移。

流速仪最高采样频率200 Hz；采样体积小于0.085 cm³；探头传感器体积比同类产品声学多普勒流速仪小1/3；最大测定流速4 m/s，其中，水平方向

（X、Y 方向）最大流速 5.25 m/s，垂直方向（Z 方向）最大流速 1.5 m/s；精度为测量值的 ±0.5% 或 ±1 mm/s，分辨率为 0.1 mm/s；具有测深功能，能测量断面形状。

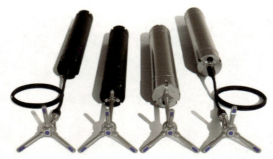

图 1-6　Vectrino 多普勒点式流速仪

Vectrino 多普勒点式流速仪遵循多普勒声学原理，接收器接收到运动粒子反射回的声音频率，经过分析，得到该粒子各个方向的速度。采样点为 3 个发射点中心向下 5 cm 处（图 1-7）。

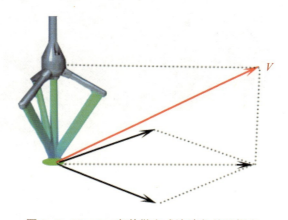

图 1-7　Vectrino 多普勒点式流速仪的采样点

4. 六分力仪传感器

测力装置为六分力仪传感器（图 1-8），量程 0 ~ 50 kg，精度 0.3%。六分力传感器安装在测试架的升降机构下面，用以测量与其安装在一起的部件所受的三个分力（R_x、R_y、R_z）和三个分力矩（M_x、M_y、M_z）。

图 1-8　六分力仪传感器

5. 数字式应变数据采集仪

数字式应变数据采集仪（北京波普，WS-3811；图 1-9），具有体积小、集成度较高、应变放大和滤波全程控等特点，能直接把应变量转换为数字量，通过 USB 接口或网络接口（TCP/IP 协议）把数据传输给计算机，克服了常规应变仪只能输出模拟量（还需要另配采集仪）的缺陷，便于实验室和野外测试工作。

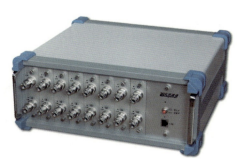

图 1-9　数字式应变数据采集仪

6. 3D 打印机

3D 打印机（极光尔沃，A8；图 1-10、表 1-1）为金属喷嘴，外罩全密闭空间，安全性强；特制玻璃材质平台，加温粘牢，冷却易取；精度高，具工业级直线导轨；精密滚珠丝杆精准定位，双电机双送料，打印流畅；成型尺寸能达到长 0.35 m、宽 0.25 m、高 0.30 m，模型成型能力强，对设计者来说限制少，能充分发挥创造力。

图 1-10　3D打印机（极光尔沃，A8）

表 1-1　3D打印机（极光尔沃，A8）参数

品牌型号	极光尔沃，A8	品牌型号	极光尔沃，A8
成型原理	熔融沉积成型	打印精度	0.1 mm
成型尺寸	0.35 m（长）×0.25 m（宽）×0.30 m（高）	打印速度	10 ～ 300 mm/s
定位精度	X、Y轴 0.01 mm，Z轴 0.002 mm	打印层厚	0.05 ～ 0.3 mm
支持材料	聚乳酸（PLA）、工程塑料（ABS）	喷嘴直径	0.4 mm
材料直径	1.75 mm	喷头温度	室温至 300 ℃
工作环境	10 ～ 30 ℃，湿度20% ～ 50%	加热板温度	室温至 110 ℃
操作系统	Windows（Linux、Mac）	上位机软件	Cura
支持文件格式	STL、OBJ、G-Code	打印方式	SD卡/联机

7. 音频扫频信号发生器

音频扫频信号发生器（CRY5520；图 1-11），采用单片计算机控制扫频，数字模拟相结合，稳定性好，正弦波输出；失真小，特别适合测听扬声器纯音；

有对数扫频和手动调频两种工作方式，扫频起点、终点及扫频时间可任意设定，手动调频有粗调和微调，可精确调节频率；采用 128×64 点阵液晶显示，同时显示频率和电压值；带有同步输出端。

图 1-11　音频扫频信号发生器（CRY5520）

8. 数字示波器

数字示波器（普源，DS1204B；图 1-12）拥有四通道加一个外部触发输入通道，具有强大的触发和分析能力，易于捕获和分析波形；具有清晰的液晶显示和数学运算功能，便于更快、更清晰地观察和分析信号。

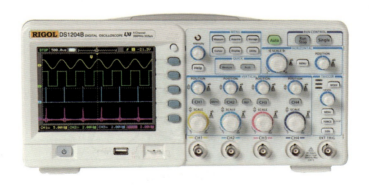

图 1-12　数字示波器（普源，DS1204B）

9. 水下扬声器

水下扬声器（挪威DNH，AQUA-30）是一款完全密封的扬声器（图

1-13），专为水下应用而设计，其额定功率为 30 W、阻抗为 8 Ω，采用PA材料制成。

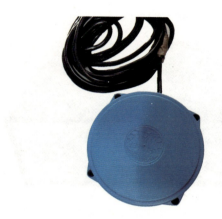

图 1-13　水下扬声器（挪威DNH，AQUA-30）

10. 充气泵

充气泵（奥突斯，OTS-550）为无油空气压缩机（图 1-14），排气量为 40 L/min，储气罐容积为 8 L。

图 1-14　充气泵（奥突斯，OTS-550）

11. 多参数水质分析仪

多参数水质分析仪（美国YSI, ProDSS）是一款便携式水质多参数仪器（图1-15），可用于测量水中溶解氧、叶绿素、pH、电导率、盐度、深度和温度等参数，适于地表水、地下水、海岸/河口、水产养殖和废水等应用场合。采用智能传感器技术，允许手持设备自动识别传感器，同时保留校准数据。

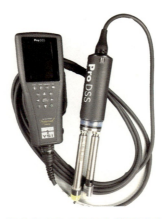

图 1-15　多参数水质分析仪（美国YSI，ProDSS）

人工鱼礁技术

概　论

海洋牧场是基于海洋生态学原理和现代海洋工程技术，充分利用自然生产力，在特定海域科学培育和管理渔业资源而形成的人工渔场。人工鱼礁是为海洋生物提供栖息地的人工设施，是海洋牧场建设重要的组成部分。

人工鱼礁是用于修复和优化海域生态环境，养护和增殖水生生物的人工设施。人工鱼礁的建设可以改变海洋生态环境，可以为鱼类提供索饵、避敌、栖息和繁育场所。因此，人工鱼礁的建设是保护、增殖海洋渔业资源的重要手段，也是改善、修复整个海洋生态环境的一项基础工程。

一、人工鱼礁改善海洋生态环境的机制

海洋牧场本身是一个由许多生物种类组成的海洋生态系统，从原始的单细胞藻类到高营养层的鱼类，构成了相互影响、相互依存的完整生态链。人工鱼礁投放到水中，形成新的生态环境，对水生生物的繁殖和生长起着重要作用。人工鱼礁的环境功能，体现在人工鱼礁内部以及周围区域的非生物环境和生物环境的变化。

（一）人工鱼礁对非生物环境的影响

在开放生境布置人工鱼礁后，该处原有的平稳流态受到了扰动，礁体周围水体的压力场随之发生变化，流场重新分布并形成新的礁区流场。由于礁体的形状和大小千差万别，围绕人工鱼礁产生的流态也是非常复杂的。这种能形成涌升流、加速流和滞缓流等多样流的地方，由于水的交换充分，不仅形成理想的营养盐转运环境，而且提供不同的水流条件供鱼类选择，对于喜欢多样流的鱼类（主要是岩礁性鱼类）来说是一个理想的栖息场所。研究证

明，一座 1 000 m³ 的人工鱼礁在潮流的作用下，对流场的影响范围半径达 200 ～ 300 m。在这个半径范围中水体上升、涡动、扩散，形成异常活跃、生产力极高的小型人工生态系统。

在海中设置人工鱼礁后，周围光、味、音环境也发生变化。在光线到达的范围内，人工鱼礁的周围形成光学阴影，随着光照度的增强，在水中形成暗区，暗区的大小与人工鱼礁的大小成正比。构成人工鱼礁的材质各种各样，有些材质的人工鱼礁在投放后一段时间内，有水溶性物质溶出，另外，人工鱼礁上及周围的生物所产生的分泌物、有机物分子的扩散，直接影响人工鱼礁下流方向的味环境。人工鱼礁受到流的冲击所产生的固有振动和附着在人工鱼礁上的生物以及聚集在周围的生物的发声，可传到离人工鱼礁几百米远的地方。

（二）人工鱼礁对生物环境的影响

人工鱼礁投放后，其周围海域的非生物环境发生变化，这种变化又引起生物环境的变化，其结果可以引起人工鱼礁海域生物量的增大。

1. 人工鱼礁对生态环境的影响

人工鱼礁投放后形成的上升流，将海底深层的营养盐类带到光照充足的上层，促进了浮游植物的繁殖，提高了海洋初级生产力，同时人工鱼礁本身作为一种基质，附着生物开始在其表面附着生长，人工鱼礁周围的底栖生物和浮游生物的种类、数量、分布发生变化。以往的调查研究表明，附着植物的生物量受水深、透明度、种质等影响，一般情况下，由于人工鱼礁的上面及侧面上部光照充分，所以附着植物的生物量较大。附着动物的生物量在透明度高、底质较粗、流速较快的水域中较大。附着生物总量在一定时间内逐渐增大，例如，水深 35 m 处的人工鱼礁，投放 1 个月后表面附着了硅藻，3 个月后出现了许多藤壶、沙蚕等，9 个月后人工鱼礁的表面完全被附着生物覆盖，1 年后，大型藻类群落形成。

2. 人工鱼礁对鱼类的影响

人工鱼礁复杂的洞穴结构和投放后所形成的流、光、音、味以及生物的新环境，为鱼类提供了索饵、避害、产卵、定位的场所，因而吸引了许多鱼类。

人工鱼礁区鱼类的行为主要表现为索饵和躲避。

（1）人工鱼礁区所形成的涌升流、涡流等复杂的流态，促进了低温、营养盐丰富的深层流和表层的暖流混合，从而加速了底栖动物的生长、藻类的发生及其他生物游来并附着礁体等。鱼礁表面的附着生物以及鱼礁周围的浮游生物，成为一些鱼类的丰富饵料来源。

（2）尽管鱼类眼睛的视野在 1 m 范围内，但是在外界水流和声波的作用下，鱼类凭借视觉、听觉、嗅觉、触觉等感觉的共同配合，可以感知 1 km 远处的目标。这主要是鱼类躯体侧线（感觉器官）对反射声波感应的结果。不同的介质对声波的反射作用是不同的，如泥底反射系数仅为 30%（即 70% 被吸收），沙底反射系数约为 40%，而岩底则为 60%，可见人工鱼礁的反射性能要好于其他介质。

（3）鱼类还具有多种先天和后天的行为特点，如有的鱼类喜欢接触固态形体，有的喜欢接近固态形体，有的喜欢以固态形体作为行动的定位，有的喜欢阴影，有的则喜欢水流的刺激，等等。对于人工鱼礁来说，有的鱼类喜欢在人工鱼礁中空的阴影部分滞留，有的喜欢在人工鱼礁的上部逗留，有的则喜欢在人工鱼礁周围洄游。鱼类本能地游向饵料充足、水流多变和有阴影的场所。人工鱼礁的存在给鱼类造就了这样一种环境，即给鱼类提供了索饵、休养和繁衍的好场所。

二、人工鱼礁实验

本部分设计了 8 个实验，其中，实验 1 为水动力循环水槽的使用实验，实验 2、实验 3 和实验 8 为沉底式人工鱼礁与浮式人工鱼礁的设计与模型制作实验，实验 4 至实验 7 为人工鱼礁模型的水动力性能、流场特征和生物学性能实验。

人工鱼礁模型的制作由传统手工变为 3D 打印，提高了模型的整体性和精度，可以结合后续的水阻力实验、流场实验以及鱼类诱集实验，评估其水动力性能和生物学性能，通过实验参数分析，可进一步优化其性能（图 2-0-1）。

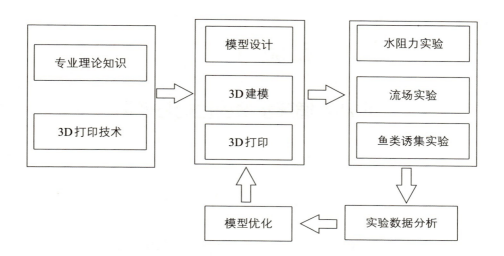

图 2-0-1　3D打印技术应用于人工鱼礁的教学过程

实 验 1

水动力循环水槽的性能与使用

一、实验目的

（1）了解水动力循环水槽的结构、功能和运行原理。

（2）了解水动力循环水槽的各项参数。

（3）掌握水动力循环水槽实验的操作要领，保证仪器设备的安全、正常运转。

（4）绘制水动力循环水槽流速与矢量变频器频率的线性关系。

二、实验仪器与设备

水动力循环水槽、Vectrino多普勒点式流速仪（实验设备详细介绍见第一部分的"六、实验常用仪器"）。

水槽使用教程

三、实验内容

（1）学习水动力循环水槽的结构、功能、运行原理和可实现的流速范围。

（2）学习水动力循环水槽的操作要领。

（3）通过调节矢量变频器来控制水动力循环水槽的流速，Vectrino多普勒点式流速仪实时显示流速，分别记录流速为 0.2 m/s、0.3 m/s、0.4 m/s、0.5 m/s 和 0.6 m/s 时矢量变频器的频率。

注意：调节矢量变频器时，可通过点按和短暂按来实现，禁止长按不松，否则，调节速度会越来越快，可能会超过水动力循环水槽的流速上限，造成水槽的损坏，出现安全事故。

（4）学习根据实验数据分析水动力循环流速与矢量变频器的线性关系。

四、实验报告与思考题

（1）简要说明水动力循环水槽的结构与功能。

（2）总结水动力循环水槽正常使用时的操作要领与安全注意事项。

（3）分析并绘制水动力循环流速与矢量变频器频率的线性关系。

实 验 2

人工鱼礁设计与模型制作

一、实验目的

（1）掌握人工鱼礁模型设计的原则。

（2）掌握不同实验条件下采用的模型实验准则。

（3）根据常用人工鱼礁的尺度比计算鱼礁模型的尺寸。

（4）根据实验准则选择模型材料。

（5）手工制作人工鱼礁模型。

二、实验材料与设备

1. 实验材料

三氯甲烷、手套、注射器、标记笔、直尺、塑料板材、有机玻璃等。

2. 实验设备

玻璃刀、金刚石锉刀、冲击钻（配直径 4 cm 和直径 1 cm 的钻头各 1 个）。

三、人工鱼礁模型设计的原则

根据形状相似原则，测阻力和流场时模型只需要外形相似。人工鱼礁实物一般为钢筋混凝土结构，从水力学表中查得其糙率 $n_{实} = 0.014$，按糙率相似原则，所制作的模型的糙率应为

$$n_{模} = \frac{n_{实}}{\sqrt[6]{\lambda}} \qquad (2-2-1)$$

式中：$n_{模}$——模型的糙率；

　　　$n_{实}$——实物的糙率；

　　　λ——实物与模型的尺度比。

因此，取尺度比$\lambda = 20$，代入公式得：

$$n_{模} = \frac{n_{实}}{\sqrt[6]{\lambda}} = 0.085$$

有机玻璃糙率为0.007 0 ~ 0.008 7，基本上满足人工鱼礁模型材料的要求。

例如：实物礁体是边长为3 m的钢筋混凝土鱼礁，取尺度比$\lambda = 20$，设计1个无底有盖的鱼礁模型。模型的尺寸为边长15 cm，厚度4.5 mm，每个侧面分别开4个直径为4 cm的圆孔，上盖开1个直径为4 cm的圆孔。

四、实验操作

1.鱼礁模型

（1）尺寸为20 cm × 20 cm × 20 cm的正方体鱼礁，无底有盖，4个侧面各开4个直径为4 cm的圆孔，其中1个侧面中心处再开1个直径为1 cm的小孔留作固定用；上盖开1个直径为4 cm的圆孔（图2-2-1和图2-2-2）。

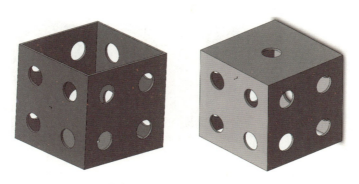

图2-2-1　正方体鱼礁（20 cm × 20 cm × 20 cm）立体图

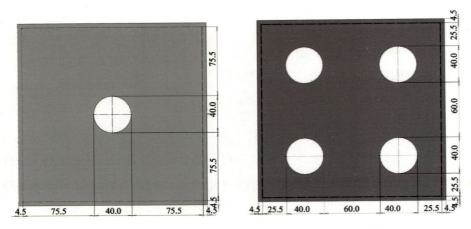

图 2-2-2　正方体鱼礁（20 cm×20 cm×20 cm）俯视图和侧视图

（2）尺寸为 15 cm×15 cm×20 cm 的长方体鱼礁，无底有盖，4 个侧面各开 4 个直径为 4 cm 的圆孔，其中 1 个侧面中心处再开 1 个直径为 1 cm 的小孔留作固定用；上盖开 1 个直径为 4 cm 的圆孔（图 2-2-3 和图 2-2-4）。

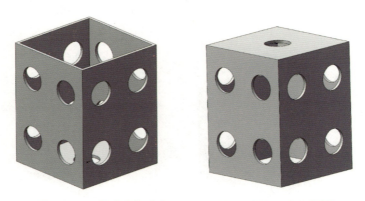

图 2-2-3　长方体鱼礁（15 cm×15 cm×20 cm）立体图

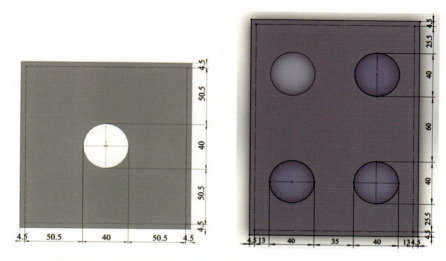

图 2-2-4 长方体鱼礁（15 cm×15 cm×20 cm）俯视图和侧视图

（3）尺寸为 15 cm×15 cm×15 cm 的正方体鱼礁，无底有盖，4 个侧面各开 4 个直径为 4 cm 的圆孔，其中 1 个侧面中心处再开 1 个直径为 1 cm 的小孔留作固定用；上盖开 1 个直径为 4 cm 的圆孔（图 2-2-5 和图 2-2-6）。

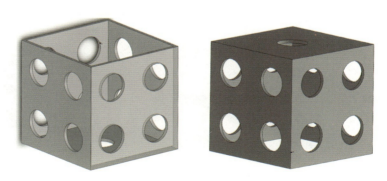

图 2-2-5 正方体鱼礁（15 cm×15 cm×15 cm）立体图

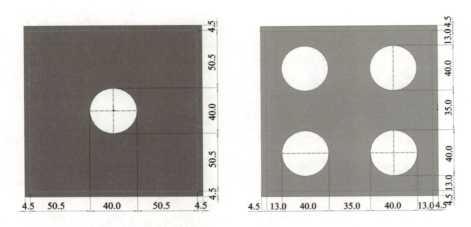

图 2-2-6　正方体鱼礁（15 cm×15 cm×15 cm）俯视图和侧视图

（4）尺寸为 20 cm×20 cm×15 cm 的长方体鱼礁，无底有盖，4 个侧面各开 4 个直径为 4 cm 的圆孔，其中 1 个侧面中心处再开 1 个直径为 1 cm 的小孔留作固定用；上盖开 1 个直径为 4 cm 的圆孔（图 2-2-7 和图 2-2-8）。

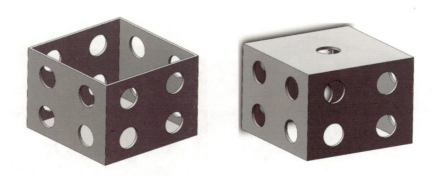

图 2-2-7　长方体鱼礁（20 cm×20 cm×15 cm）立体图

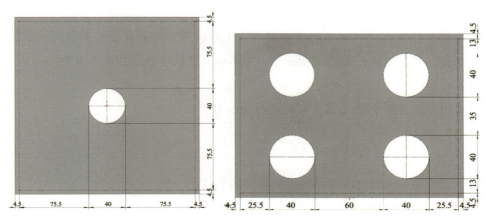

图 2-2-8　长方体鱼礁（20 cm×20 cm×15 cm）俯视图和侧视图

2. 计算

计算模型每块侧面板与顶面板的具体尺寸，无底有盖鱼礁模型顶面板尺寸要与 4 块侧面板的尺寸匹配。

3. 切割

在有机玻璃板上标记每块面板所需尺寸，用玻璃刀进行切割，切割出 5 块面板（如边长为 20 cm 的正方体鱼礁，需要切割 2 块 20 cm×20 cm 的侧面板，2 块 20 cm×19 cm 的侧面板，1 块 19 cm×19 cm 的顶面板）。

4. 钻孔

在 4 块侧面板上标记 4 个点，4 个点分布应均匀，在顶面板中心上标记 1 个点。使用冲击钻（安装直径 4 cm 的钻头）对侧面板和顶面板进行钻孔。（注意：只有在教师的指导下，方可使用冲击钻进行作业，务必注意安全。使用冲击钻时，操作人员需要戴上胶线手套，一只手控制冲击钻，另一只手紧紧控制住鱼礁模型面板，防止钻孔时面板旋转而飞出去，造成人员受伤。）

5. 黏接

用金刚石锉刀将面板的切割处打磨平整，4 块侧面板与顶面板装配合适，没有缝隙。在通风处，用注射器吸入三氯甲烷，将 4 块侧面板与顶面板黏合牢固。［注意：三氯甲烷为无色透明液体，易挥发，对光敏感，遇光照会与空气中的氧作用，分解而生成剧毒的光气（碳酰氯）和氯化氢；操作时，需密闭操作，局部排风；若沾到皮肤上，立即用大量流动清水冲洗至少 15 min。］

6. 固定

模型黏合固定 24 h 后，方可进行水动力实验。

六、实验报告与思考题

（1）请画出自己所设计的鱼礁模型的立体图、侧面图。

（2）根据所制作的鱼礁模型，有机玻璃板相对密度为 128 kg/m³，请计算：

① 礁体空方体积（B）/有机玻璃体积（b）；② 礁体空方体积（B）/礁体质量（W）；③ 表面积（F）/有机玻璃体积（b）。

（3）将鱼礁模型规格及空方体积记录于表 2-2-1。

表 2-2-1　鱼礁模型规格

序号	实物礁体		尺度比（λ）	鱼礁模型		
	规格（长×高×宽）	空方体积/m³		材料	规格（长×高×宽）	空方体积/m³
1						
2						
3						
4						
5						

实 验 3

使用3D打印机设计与制作人工鱼礁模型

一、实验目的

（1）了解 3D 打印技术的原理。

（2）学习绘制人工鱼礁模型设计图。

（3）掌握 3D 打印机的操作。

（4）利用 3D 打印机设计与制作人工鱼礁模型。

二、实验材料、设备与软件

1. 实验材料

聚乳酸（PLA）等。

2. 实验设备

3D 打印机（极光尔沃，A8，详细介绍见第一部分"六、实验常用仪器"）、计算机。

3. 实验软件

实体模型设计系统 SolidWorks 2018、3D 打印切片软件 Cura 15。

三、实验要求

1. FDM 式 3D 打印机工作原理

3D 打印技术，是一项发源于 20 世纪 80 年代，集机械、计算机、数控和材料于一体的先进制造技术，其基本原理是根据三维实体零件经切片处理获得的二维截面信息，以点、线或面作为基本单元进行逐层堆积制造，最终获得实体零件或模型。增材制造区别于传统的减材（如切削加工）和等材（如锻造）制造方法，是在计算机的控制下，逐层堆积或固化材料，最终制造出立体工件，可以实现传统方法无法或很难达到的复杂结构零件的制造，具有智能化、定制化、生态化和高效快速等特点。3D打印技术因此得到了广泛的关注，已广泛应用于食品、服装、家具、医疗、建筑、教育等领域。

3D打印的制造技术根据打印原理和材料的不同可以分为熔融沉积成型（fused deposition modeling，FDM）、光固化成型（stereo lithography apparatus，SLA）、选择性激光烧结（selecting laser sintering，SLS）、数字化光处理（digital light processing，DLP）、三维喷涂黏结（three dimensional printing and gluing，3DPG）、3D喷墨（PloyJet）等，这些技术在打印的材料、精度、速度等方面存在不同。

其中，FDM凭借其操作简单、成型速度快等诸多优点，成为应用最为广泛的3D打印技术。FDM式3D打印机的工作原理是将加工成丝状的热熔性材料（ABS、PLA、蜡等），经过传动皮带轮送进热熔喷嘴，在喷嘴内丝状材料被加热熔融，同时喷头沿零件层片轮廓和填充轨迹运动，并将熔融的材料挤出，使其沉积在指定的位置后凝固成型，与前一层已经成型的材料黏结，层层堆积最终形成产品模型。其系统组成和工作原理如图2-3-1所示。

FDM式3D打印机系统由喷嘴系统、三轴运动系统和支撑平台组成。喷嘴在工作缸内喷射成型时的黏接剂，黏接不同层之间的粉料，是3D打印快速成型的关键部件。三轴运动系统是3D打印机进行三维制件的基本条件。X轴、Y轴组成平面扫描运动框架，Z轴做垂直于X-Y平面的运动（图2-3-2）。

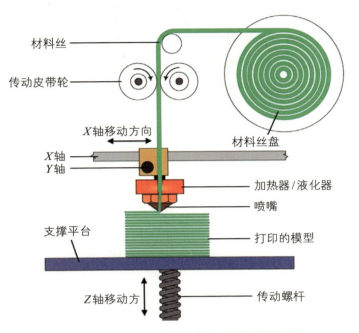

图 2-3-1 FDM 系统组成和工作原理剖面图
（引自 Mohamed Adel）

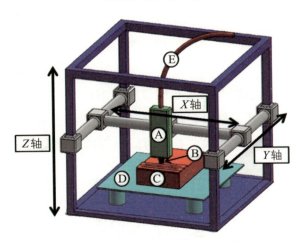

A. 加热器　B. 喷嘴　C. 模型　D. 支撑平板　E. 材料丝

图 2-3-2 FDM 式 3D 打印机系统组成
（引自 Valentina Mazzanti）

2. 3D打印的优点

3D打印技术操作简单，对实验室环境条件要求较低，可实现快速、精细地打印人工鱼礁模型。通过3D打印技术，可将设计的人工鱼礁模型的外观和结构进行快速的实体呈现，以方便进行结构确认、功能验证、后续优化等相关实验。

四、实验步骤

（1）利用已学专业知识，设计开孔比分别为0、1/5、2/5、3/5、4/5的5个人工鱼礁模型（图2-3-3至图2-3-7）。（注意：在每个人工鱼礁模型的1个侧面中心处设计1个直径为1 cm的圆孔，以备不锈钢螺旋杆固定所用。）

（2）在计算机上，使用SOLIDWORKS 2018等三维建模软件把设计好的人工鱼礁模型绘制出来，保存为STL格式文件。[注意：绘制的鱼礁模型尺寸不能超过3D打印机的最大成型尺寸，极光尔沃A8的最大成型尺寸为350 mm（长）×250 mm（宽）×300 mm（高）。]

（3）在计算机上，使用软件Cura 15对STL格式的模型文件进行切片，生成Gcode代码。可以设置分层厚度为350 μm、喷头温度为210 ℃、打印速度为70 mm/s等各项打印参数，3D打印模型在垂直层面方向可以得到较高的压缩力学性能。

（4）将Gcode代码通过SD卡存储器载入3D打印机进行打印，打印时间由工件大小、打印方式、材料、精度决定。（鱼礁模型打印的快慢与其本身的尺寸、厚度以及填充率相关，打印时间与所需耗材量可通过软件Cura 15查看。）

3D打印

（5）打印后的工件会存在多余支撑、毛刺等，需要进行清洁和打磨，预备实验4所用。

图 2-3-3　开孔比为 0 的　　图 2-3-4　开孔比为 1/5 的　　图 2-3-5　开孔比为 2/5 的
　　　人工鱼礁模型　　　　　　　人工鱼礁模型　　　　　　　　人工鱼礁模型

图 2-3-6　开孔比为 3/5 的　　　　　图 2-3-7　开孔比为 4/5 的
　　　人工鱼礁模型　　　　　　　　　　　人工鱼礁模型

五、实验报告与思考题

（1）画出鱼礁模型的立体图、侧面图。

（2）如何查看使用 3D 打印机打印鱼礁模型所需要的时间以及耗材量？

（3）结合课堂所学专业知识，设计一种新型人工鱼礁，并通过 3D 打印机制作出来。

（4）结合自身体会，阐述如何更好地利用 3D 打印技术来促进增殖工程与海洋牧场发展。

实 验 4

人工鱼礁水动力特性的模型实验

一、实验目的

（1）正确安装鱼礁模型、多普勒点式流速仪。

（2）掌握在水动力循环水槽中测量鱼礁模型水动力性能的实验方法。

（3）学习多普勒点式流速仪和天分力仪传感器的使用方法以及数据采集方法。

（4）分析人工鱼礁不同开孔比与水阻力的关系曲线。

（5）探讨人工鱼礁不同开孔比对其性能的影响。

二、实验材料与设备

1. 实验材料

开孔比分别为 0、1/5、2/5、3/5、4/5 的 5 个人工鱼礁模型（图 2-4-1 至图 2-4-5）、不锈钢螺旋杆等。

图 2-4-1　开孔比为 0 的　　图 2-4-2　开孔比为 1/5 的　　图 2-4-3　开孔比为 2/5 的
　　　人工鱼礁模型　　　　　　　人工鱼礁模型　　　　　　　人工鱼礁模型

图 2-4-4　开孔比为 3/5 的　　　图 2-4-5　开孔比为 4/5 的
　　　人工鱼礁模型　　　　　　　　人工鱼礁模型

2.实验设备

水动力循环水槽、六分力仪传感器、Vectrino多普勒点式流速仪。

三、实验原理

随着近海渔业资源的衰退和环境的恶化，以及人们生活需求的不断增加，为改善海洋生物资源和环境，海洋牧场建设成为发展的重点，而人工鱼礁是海洋牧场工程建设中一个重要的组成部分。礁体在水中受力是复杂多样的，其受力状况和流场效应与周围环境及自身性能密切相关。通过对人工鱼礁模型水动力学测定，可以对人工鱼礁水动力学性能有全面的认识，为我国继续深入研究人工鱼礁设计及构造提供参考和理论依据。

人工鱼礁在水中受到水流的作用产生的水动力（阻力）按下式计算：

$$R = \frac{1}{2} C_{d} \rho S V^{2} \qquad （2-4-1）$$

式中：R——阻力（N）；

　　　C_{d}——阻力系数；

　　　ρ——水的密度（kg/m³）；

　　　S——礁体在与流向垂直的平面上的投影面积（m²）；

　　　V——流速（m/s）。

通过式（2-4-1）可以计算礁体的阻力系数：

$$C_{\mathrm{d}} = \frac{2R}{\rho SV^2} \qquad (2-4-2)$$

雷诺数为

$$Re = \frac{VL}{\upsilon} \qquad (2-4-3)$$

式中：Re——雷诺数；

L——特征长度（m）；

υ——运动黏滞系数（取 1×10^{-6} m²/s）。

由上述 3 个公式可知，只要测量出礁体在水流作用下的阻力，就可以计算出阻力系数以及阻力系数与雷诺数的关系，找出自动模型区域。

四、实验装置安装

流速仪安装在人工鱼礁模型的前面，监测实时流速。人工鱼礁模型通过螺旋杆固定在六分力仪传感器下面，如图 2-4-6。

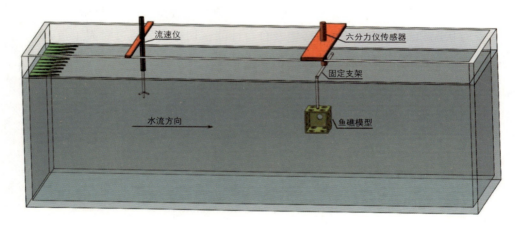

图 2-4-6　人工鱼礁模型水动力实验装置示意图

五、实验操作

对于每个人工鱼礁模型，测量其在两种情况下的阻力值：正面迎流与侧面45°迎流。在水动力循环水槽内，在稳定流速范围内，选取6种流速，在每种流速下测得 10 ～ 15 个阻力值。实验流速分别为 0.2 m/s、0.3 m/s、0.4 m/s、0.5 m/s、0.6 m/s 和 0.7 m/s。

（1）确定研究对象，选择人工鱼礁模型。

（2）选择合适量程的六分力仪传感器，并进行标定。

（3）将人工鱼礁模型固定在六分力仪传感器上。

（4）调节水动力循环水槽矢量变频器，选择实验流速。

（5）流速稳定后，随即采集六分力仪传感器变形数据，并记录在表2-4-1中。

人工鱼礁水动力实验

（6）数据记录完毕，换一个模型重复上述操作，直至实验完毕。

表2-4-1 人工鱼礁模型水动力实验记录表

（单位：N）

序号	流速/（m/s）					
	0.2	0.3	0.4	0.5	0.6	0.7
1						
2						
3						
4						

序号	流速/（m/s）					
	0.2	0.3	0.4	0.5	0.6	0.7
5						
6						
7						
8						
9						
10						
11						
12						
13						
14						
15						
均值						
阻力系数						
雷诺数						

六、实验报告与思考题

（1）计算人工鱼礁模型的阻力系数和雷诺数，并绘制雷诺数与阻力系数关系曲线。

（2）比较5种人工鱼礁模型的水动力特性，分析人工鱼礁不同开孔比与水阻力的关系，并绘制相关性曲线。

（3）讨论不同开孔比在人工鱼礁设计中的应用。

实 验 5

人工鱼礁流场效应的模型实验

一、实验目的

（1）了解人工鱼礁流场特征。

（2）掌握人工鱼礁模型流场特征的分析方法。

（3）分析人工鱼礁不同开孔类型对流场的影响。

二、实验材料与设备

1. 实验材料

2种圆形开孔的正方体人工鱼礁模型（边长为30 cm，厚度为0.5 cm，小圆孔直径为6.5 cm，大圆孔直径为15 cm，其中，仅小圆孔的分布形式不一样，其余规格保持一致，如图2-5-1和图2-5-2）、2种正方形开孔的正方体人工鱼礁模型（边长为30 cm，厚度为0.5 cm，小正方形孔边长为5 cm，大正方形孔边长为10 cm，其中，仅小正方形孔的分布形式不一样，其余规格保持一致，如图2-5-3和图2-5-4）、固定支架、扳手等。

图 2-5-1　正方体人工鱼礁模型 1

图 2-5-2　正方体人工鱼礁模型 2

图 2-5-3　正方体人工鱼礁模型 3

图 2-5-4　正方体人工鱼礁模型 4

2. 实验设备

水动力循环水槽、Vectrino 多普勒点式流速仪、数据采集系统和计算机等。

三、实验原理

流体是一种连续介质，流体的运动可视作充满一定空间的无数个流体质点运动的集合。在理论力学中，质点作为一种理想模型，其平移运动具有 3 个自由度，容易直接应用动量守恒定律描述其运动要素（位置、速度和加速度等）的时间变化过程。

描述流体运动的方法有拉氏法和欧拉法。其中，欧拉法描述也称空间描述，它着眼于流体质点所经过的各固定空间点上运动要素的时间、空间变化，而不是追究各个质点的详细运动过程。实际上，欧拉法以"流场"为研究对象，是一种流场法。某一瞬时各空间点上皆有具有一定流速的流体质点经过，在该瞬时被流体占据的各空间点的流速矢量的集合，便构成了流速矢量场，简称流速场。压强场是某一瞬时流体质点所占据的各空间点上压强的集合。加速度场具有类似的含义。因此，能够将运动要素视作空间坐标(x, y, z)与时间坐标t的函数。自变量x、y、z、t称为欧拉变量。采用欧拉法时，在每一时刻t的流速场可以表示为

$$u = u(x, y, z, t), \quad v = v(x, y, z, t),$$
$$w = w(x, y, z, t) \tag{2-5-1}$$

式（2-5-1）表示在空间点(x, y, z)上在时刻t的流体速度。自然这个速度是某一流体质点的，不过这里并未显示出这一速度是属于哪个质点的，知道的只是在时刻t运动到空间点(x, y, z)的那个流体质点的速度$u = u(x, y, z, t)$，u为速度矢量。

加速度场（即每一瞬时t流体质点的加速度所构成的瞬时空间场）是速度场对时间t的全导数。在进行求导运算时，速度表达式（2-5-1）中的自变量x、y、z应当视作流体质点的位置坐标而不是固定空间点的坐标，即应当将x、y、z视作时间的函数。加速度场可以表示为

$$a_x = a_x(x, y, z, t), \quad a_y = a_y(x, y, z, t), \quad a_z = a_z(x, y, z, t)$$
$$a = a(x, y, z, t) \quad (a为加速度矢量) \tag{2-5-2}$$

加速度分量又可表示为

$$a_x = \frac{\partial u}{\partial t} + u\frac{\partial u}{\partial x} + v\frac{\partial u}{\partial y} + w\frac{\partial u}{\partial z} \tag{2-5-3}$$

$$a_y = \frac{\partial v}{\partial t} + u\frac{\partial v}{\partial x} + v\frac{\partial v}{\partial y} + w\frac{\partial v}{\partial z} \tag{2-5-4}$$

$$a_z = \frac{\partial w}{\partial t} + u\frac{\partial w}{\partial x} + v\frac{\partial w}{\partial y} + w\frac{\partial w}{\partial z} \tag{2-5-5}$$

欧拉法描述实际上提供了一个物理量的场，如速度场，因此运用场论这个数学工具来研究流体力学成为很自然的事。此外，用欧拉法描述为研究流体力学很多实际问题带来方便。因此，在流体力学中，欧拉法描述成为主要的描述方法。

在研究中，假定场内的流动是均匀的定常流，并且不考虑和流体运动场有关的各项动力学量值。以此作为实际流场的近似描述。这样，问题就简化为仅仅考虑某一水层的平行流动。在式（2-5-1）至式（2-5-5）可不考虑和 t、z 有关的项，而表示为

$$u = u(x, y), \quad a_x = u\frac{\partial u}{\partial x} + v\frac{\partial u}{\partial y} \quad\quad (2-5-6)$$

$$v = v(x, y), \quad a_y = u\frac{\partial v}{\partial x} + v\frac{\partial v}{\partial y} \quad\quad (2-5-7)$$

在实际研究过程中，取流动的某一水层面（$z = h$）为 $x0y$ 面，令 x 与流向一致，y 与流向垂直。流体处于平行流动时，其流线与流迹线重合，该场中

$$u = u(x, y), \quad a_x = u\frac{\partial u}{\partial x} \quad\quad (2-5-8)$$

$v = 0$，$a_y = 0$，因此，在实验中，通过测量不同水层上相应点的流速，就可以对人工鱼礁流场的基本特征进行分析、探讨。

四、实验测试点

实验的来流速度设定为 0.5 m/s。将人工鱼礁模型安装在水动力循环水槽内，点式流速仪安装在人工鱼礁模型后面。第 1 个测试点为距人工鱼礁模型中心 18 cm 的位置，第 2 ~ 10 个测试点为距人工鱼礁模型中心分别间隔 30 ~ 270 cm 的位置，如图 2-5-5 所示。

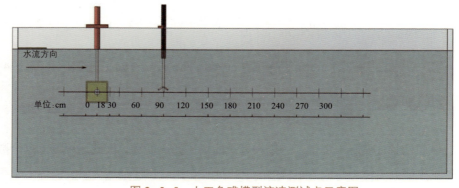

图 2-5-5　人工鱼礁模型流速测试点示意图

五、实验操作

（1）确定研究对象，选择人工鱼礁模型。

（2）确定人工鱼礁模型的放置方式（正面迎流、45°迎流或某一角度迎流）。

（3）确定人工鱼礁周围测试点位置（图 2-5-5）。

（4）调节水动力循环水槽变频控制器，把实验来流速度设定为 0.5 m/s。

（5）待流速稳定后，按顺序对每个测试点进行流速测量，将数据记录在表 2-5-1 中。（注意：点式流速仪采集的数据为 3 个发射点中心向下 5 cm 处。）

（6）分析数据，研究人工鱼礁不同开孔类型的流场特征。

表 2-5-1　人工鱼礁模型流场流速记录表

测点	来流速度/（m/s）			实际流速/（m/s）
序号	V_x	V_y	V_z	V
1				
2				
3				
4				
5				
6				
7				
8				
9				
10				
……				

六、实验数据的处理

流速仪可以测量三维速度以及合速度，任何测量总是不可避免地存在误差，为了提高测量精度，必须尽可能消除或减小误差。尤其是粗大误差，对测量结果产生明显的歪曲，应该将其剔除。剔除粗大误差的方法很多，如果实验要求精度较高，而且实验次数在 10 ～ 20 次，可以用格罗布斯准则来判断、剔除粗大误差。剔除粗大误差后，对每一个测量值计算其平均值作为近似真值。

七、实验报告与思考题

（1）分析 4 种人工鱼礁模型的流场变化趋势。

（2）比较 4 种人工鱼礁模型的流场特征，分析不同开孔类型对人工鱼礁流场的影响。

实 验 6

人工鱼礁对鱼类的诱集实验

一、实验目的

（1）观察许氏平鲉/黑棘鲷对模型礁的行为反应特征。

（2）分析不同结构的模型礁体对许氏平鲉/黑棘鲷聚集率的影响。

（3）了解适于许氏平鲉/黑棘鲷栖息的人工鱼礁结构。

二、实验材料与设备

1.实验材料

许氏平鲉（*Sebastes schlegelii*；图2-6-1）/黑棘鲷（*Acanthopagrus schlegelii*；图2-6-2）40～50尾、4种模型礁（图2-6-3至图2-6-6）和海水等。

图 2-6-1　许氏平鲉
（*Sebastes schlegelii*）

图 2-6-2　黑棘鲷
（*Acanthopagrus schlegelii*）

图 2-6-3　管状模型

图 2-6-4　方形模型

图 2-6-5　正三棱柱模型礁

图 2-6-6　正三棱锥模型

2.实验设备

循环水养殖水槽、监控系统、数据记录系统、照度计、多参数水质分析仪等。

三、实验原理

鱼类对刺激源做出方向性行动反应的习性叫作趋性。鱼类有多种趋性，如趋光性（视觉）、趋化性（嗅觉）、趋地性（平衡感觉）、趋流性（运动感觉）、趋触性（皮肤感觉）、趋音性（听觉）等。由于内外因素引起的天生性行动叫作本能。鱼类具有索饵、生殖、越冬、逃避、模仿和探索等本能。经过多次刺激、反复经验和模仿学习所形成的习惯性反应行动叫作条件反射（图 2-6-7）。

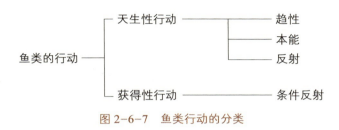

图 2-6-7　鱼类行动的分类

鱼类之所以聚集在人工鱼礁，主要是鱼类的趋性和本能引起。因为人工鱼礁所形成的环境有利于鱼类的生存和繁殖。如在人工鱼礁上附着多种生物，在人工鱼礁周围的水域和海底存在浮游生物、底栖生物等。

四、实验操作

1. 实验装置布置

养殖水循环水槽尺寸为 380 cm × 200 cm × 110 cm，实验时水深为 70 cm，水槽外侧正中有一透明窗口（80 cm × 50 cm），用以观测实验对象在水槽底部活动状况，水槽配有循环系统。监控系统由红外摄像仪和录像机组成。固定摄像仪 4 台，布置于实验水槽四角上方，移动摄像仪 1 台。通过 WAPA 波粒智能 H.264 数字硬盘录像机系统对实验过程进行观察并全程录像，观察室与水槽在不同房间。

用白色胶带将水槽底部平均分为 15 个区域（图 2-6-8），其中 7 区、8 区、9 区为模型礁投放区，单模型礁放置在 8 区，双模型礁分别放置在 7 区和 9 区。实验期间水槽内海水保持 24 h 循环，并配以功率 9W 的紫外线消毒器杀菌消毒。

2. 模型礁的设计

设计 4 种等空方体积的模型，其形状和尺寸见表 2-6-1。

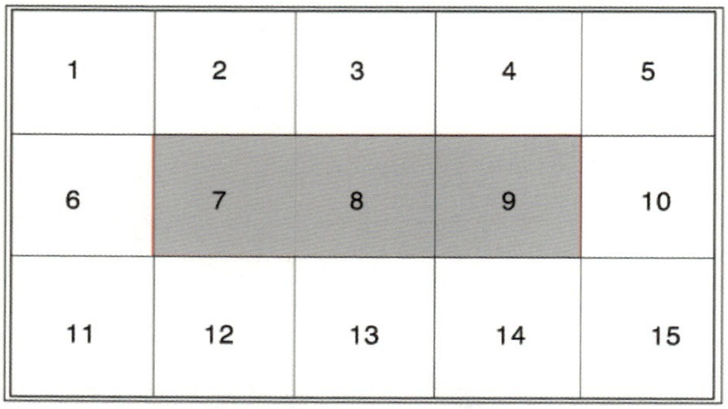

图 2-6-8　循环水养殖水槽分区布置示意图

表 2-6-1　4 种模型礁的特征尺寸

项目	管状模型	方形模型	正三棱柱模型	正三棱锥模型
	直径 15 cm	边长 45 cm	边长 52 cm	边长 80 cm
高/cm	45	45	45	97.5
长/cm	57	45	77	80
体积/m³	0.09	0.09	0.09	0.09

注：表中的高是指模型按照图 2-6-4 至图 2-6-7 摆放时的垂直高度。

（1）管状模型采用口径为 15 cm 的 PVC 管，6 个长度为 57 cm 的 PVC 管组合成一体（图 2-6-3）。

（2）方形模型无底，边长为 45 cm，中间各开一个直径为 25 cm 的圆孔（图 2-6-4）。

（3）正三棱柱模型，侧面为边长 52 cm 的等边三角形，长度为 77 cm，垂直高度为 45 cm，侧面中间各开一个 20 cm × 30 cm 的矩形（图 2-6-5）。

（4）正三棱锥模型，底面为边长 80 cm 的等边三角形，高度为 97.5 cm，侧面中间各开一个边长为 35 cm 的等边三角形（图 2-6-6）。

3. 单模型礁对鱼类的诱集效果实验

实验分为两部分，即无模型礁的空白实验、4 种模型礁单体的实验，模型礁放置在水槽 8 区（图 2-6-8）。鱼类在循环水养殖水槽中暂养 24 h 适应环境后，开始实验。首先开展空白试验，即水槽未放置模型礁，观察鱼类的分布情况，观察 15 min。然后开展单模型礁实验，即水槽分别放置 4 种模型礁单体，观察鱼类的分布情况，观察 15 min。将观察情况记录于表 2-6-2。

单模型礁实验

4.双模型礁对鱼类的诱集效果实验

将 2 个相同的模型礁分别放置在水槽的 5 区和 8 区，实验步骤与单模型礁相同。每组观察 0.5 h。前 15 min 不放置模型礁，观察鱼类的分布状况；放置双模型礁后，再次观察鱼类的分布情况，将数据记录于表 2-6-2。

双模型礁实验

五、注意事项

（1）开始实验时，要关闭充氧机，以防气泡对鱼类产生影响。

（2）不要产生噪音，以免惊吓到鱼类，可通过监控系统来观察鱼类。

（3）每次实验结束后，重新更换实验用鱼，避免鱼类产生适应性，影响实验结果。

表 2-6-2　人工鱼礁模型对鱼类的诱集数据记录表

类型	未放鱼礁模型			放入鱼礁模型		
	5 min	10 min	15 min	5 min	10 min	15 min
A						
A+A						
B						
B+B						
C						
C+C						
D						
D+D						

六、实验报告与思考题

（1）计算出鱼类的平均分布率（mean distribution rate，MDR）：

$$MDR = \sum_{1}^{m} \frac{n_i}{mN} \times 100\% \ (i = 1, 2, 3, \cdots, m) \qquad (2-6-1)$$

式中：MDR——投放模型礁时礁区的鱼类平均分布率；

　　　n_i——第 i 次观察鱼类在某区的分布数量；

　　　m——观察次数；

　　　N——实验鱼类总数。

根据实验统计数据，计算水槽放置单模型礁和双模型礁时的鱼类平均聚集率，并与空白实验做对比。

（2）比较 4 种单模型礁和双模型礁的鱼类平均聚集率，并分析原因。

（3）双模型礁对鱼的诱集率是不是单模型礁的两倍？如果不是，为什么？

实 验 7

人工鱼礁对章鱼的诱集实验

一、实验目的

（1）观察章鱼对人工鱼礁的行为反应特征。

（2）分析不同人工鱼礁类型对章鱼的诱集率。

（3）了解章鱼礁的设计特征。

二、实验材料与设备

1. 实验材料

长蛸（*Octopus variabilis*；图 2-7-1）/短蛸（*Octopus ocellatus*；图 2-7-2）40 ～ 50 只（健康，体色好）、3 种人工鱼礁模型、海水。

图 2-7-1　长蛸（*Octopus variabilis*）

图 2-7-2　短蛸（*Octopus ocellatus*）

2. 实验设备

循环水养殖水槽、监控系统、数据记录系统、多参数水质分析仪等。

三、实验原理

人工鱼礁的洞穴结构和投放后产生的阴影为章鱼（如长蛸、短蛸）提供理想的栖息环境，从而吸引其聚集。另外，这些种类拥有明显的领域行为。本实验观察章鱼对 3 种不同结构的人工鱼礁模型的行为反应，研究不同人工鱼礁模型对章鱼的诱集效果。

四、实验方法

1. 实验水槽

实验水槽尺寸为 380 cm×200 cm×110 cm，水槽外侧正中有一透明窗口（80 cm×50 cm），用以观测实验对象在水槽底部活动状况。用白色胶带将水槽底部平均分为 15 个区域（图 2-7-3），其中 7 区、8 区、9 区为模型礁投放区，单模型礁放置在 8 区，双模型礁分别放置在 7 区和 9 区，三模型礁分别放置在 7 区、8 区和 9 区。实验期间水槽内海水保持 24 h 循环，并配以功率 9 W 的紫外线消毒器杀菌消毒。

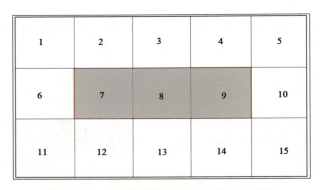

图 2-7-3　循环水养殖水槽分区布置示意图

2. 模型礁类型

（1）同种材料、不同形状的模型礁：正方体（30 cm×30 cm×30 cm）、正三棱锥（35 cm×35 cm×35 cm）和管状（长 45 cm，直径 8 cm）3 种 PVC 材

质模型礁，表面开孔（直径 4 cm）（图 2-7-4 至图 2-7-6）。

图 2-7-4 正方体有孔礁　　图 2-7-5 正三棱锥有孔礁　　图 2-7-6 管状有孔礁

（2）不同材料的管状模型礁：PVC 和陶瓷材质的 2 种管状模型礁。单体规格大小同 PVC 管状有孔礁，每种材料制作 4 个单体礁，每个单体礁同一端用网片封住。其中有 3 个单体礁叠加为一个塔式的组合礁。

五、实验操作

实验共分 6 组：无模型礁的空白实验，同种材料、3 种形状的模型礁实验，2 种材料的管状模型礁单体实验与叠加实验。实验每次做 1 组，每次观察 30 min，观察并统计水槽各区章鱼的分布数量，将数据记录于表 2-7-1。

另外，通过水槽观察窗和监控系统观察章鱼在模型礁内的行为特征，并用数码相机拍照，见图 2-7-7。

六、实验报告与思考题

（1）计算章鱼的平均分布率（MDR），即第 n 次观察章鱼在某区的分布数量与实验中总的章鱼数量间的比值，采用式（2-6-1）计算。

（2）比较同种材料、不同形状的 3 种模型礁对章鱼的诱集效果的差异。

（3）比较不同材料、相同形状的模型礁对章鱼的诱集效果的差异。

（4）试分析章鱼礁的设计特征。

表 2-7-1　人工鱼礁对章鱼的诱集实验数据记录表

观测时间	观测内容								备注
	模型位置	模型内章鱼数量/尾	模型外章鱼数量/尾	水温/℃	盐度	pH	溶解氧/（mg/L）	光照度/lx	

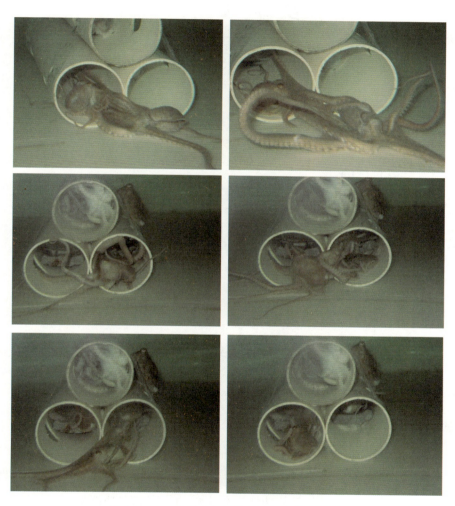

图 2-7-7　长蛸对人工鱼礁的行为反应特征
（引自房元勇）

实验 8

浮鱼礁模型的设计与制作

一、实验目的

（1）了解浮鱼礁的种类及结构形式。

（2）选择常用的浮鱼礁，根据尺度比计算实验用模型礁的尺寸。

（3）制作浮鱼礁模型。

二、实验材料与设备

1. 实验材料

密封塑料桶或聚苯乙烯泡沫块、系缆索、礁体、锚等。

2. 实验设备

玻璃刀、手套、直尺、标记笔等。

三、实验原理

　　浮鱼礁是指设置在海域中、上层，以聚集、滞留、诱集水产生物为目的的可浮动的构造物。浮鱼礁从功能上分为单功能型和多功能型，即单以提高鱼类集结程度为目的的为单功能型；若在此基础上，配备给饵、散水、散光和观测装置即为多功能型。按浮体设置位置，浮鱼礁又可分为表层浮鱼礁和中层浮鱼礁。浮鱼礁大致是仿效流木吸引鱼群栖附并大量聚集的现象而制作、投放的。

四、浮鱼礁结构与组成

浮鱼礁的种类大致有竹筏结附网片、塑料筏结附网片、圆礁浮体结附中层三棱锥礁体、中层网袋浮体结附中层三棱锥礁体及大型长方体浮台结附中层三棱锥礁体等种类，其主要构造可分为以下几部分（图2-8-1）。

1.浮体

浮体浮于水面并兼具聚鱼的功能。常用的浮体装置有以下几种。

（1）金属容器：一般有金属圆筒、鼓形金属筒。每个金属圆筒的浮力为2 548 N。

（2）密封塑料桶：一种是由塑料直接制成的圆筒；另一种是把较粗的聚乙烯管两头封头焊接而成，其长度、粗度可根据具体设计确定。

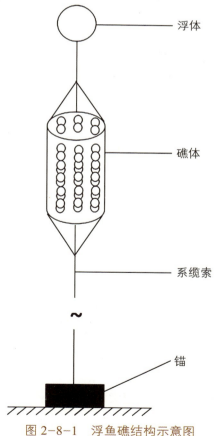

图2-8-1　浮鱼礁结构示意图

（3）聚苯乙烯泡沫块：这种浮体由合成树脂厂直接生产，可以制成板状、长方体或圆柱体。

（4）球形塑料浮子：这种浮子在渔业上应用较广，规格种类繁多，一般用塑料压制成空心圆球。

2. 礁体

礁体位于浮体下方，其主要的功能为聚集鱼群。构成礁体的材料一般有玻璃钢（FRP）、竹木、塑料、网片、废旧轮胎等。

礁体材料的选择应该从生物、工程、经济等方面综合考虑。有人把选材的依据归纳为以下几点：① 在海水中能长期浸泡，不溶出有害物质；② 造价便宜；③ 原料来源稳定，能保证供应量；④ 制造工艺简单。

3. 系缆索

系缆索用于连接浮体、礁体与锚，使浮体及礁体不会流失。系缆索在人工鱼礁中发挥重要的作用，常能影响人工鱼礁设置的成功与否。

系缆索的材料有棉麻纤维、尼龙、铁等。根据多年的经验，系缆索材料建议使用朝鲜麻，该材料强度大，且相对密度大，易于下水。而聚乙烯锚缆强度小，相对密度小于1，易浮于水面。

4. 锚

锚的主要功能为利用系缆索固定浮体与礁体，使其不随水流漂移。锚依据固定方式分为重力式锚（如水泥块）及插入式锚（如铁爪锚）。

五、实验操作

（1）利用现有材料制作一种浮鱼礁模型。

（2）将制作的浮鱼礁模型投入水中，测试其悬浮效果。

六、实验报告与思考题

（1）浮鱼礁设计主要考虑哪些因素？

（2）与普通人工鱼礁相比，浮鱼礁的优点有哪些？

第三部分

海水养殖网箱技术

概　论

　　海洋农牧化是在海域中对渔业生物资源进行人工增养殖，提高资源量，从采捕天然资源转变为以采捕增养殖资源为主的一种生产方式。它作为现代渔业技术革命的一项重要内容，面向广阔的海域发展海洋集约化养殖、增殖与捕捞技术，以挖掘海洋生物资源的巨大潜力，获取人们所需要的大量优质食物，同时建设蓝色粮仓和良性循环的海洋生态系统，形成合理的渔业资源开发体系，促进海洋渔业经济的可持续健康发展。

　　海水增养殖模式主要有池塘养殖、滩涂养殖、浅海养殖（如鱼、贝、藻、蟹和刺参等的养殖）、深远海养殖（深水网箱、远海网箱和大型养殖围网）、集约化高效生态养殖（如鱼、贝、刺参和虾等的工厂化养殖）等。其中，网箱养殖是海水增养殖模式的重要组成部分，本书重点介绍相关实验。

一、网箱系统组成

　　网箱养殖是将网箱设置在水域中，把鱼类等适养对象高密度地放养于箱体中，借助箱体内外不断的水交换，维持箱内适合养殖对象生长的环境，并利用天然饵料或人工饵料培育养殖对象的方法。网箱系统主要由锚碇系统、网衣系统、配重系统、浮架系统组成（图3-0-1）。

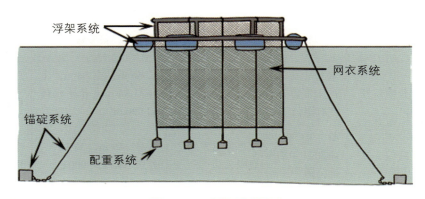

图 3-0-1 网箱系统组成
（引自 FAO）

二、国内网箱养殖发展趋势

我国网箱养殖尤其是深远海网箱养殖起步较晚。直至"十三五"，为减轻环境压力，拓展养殖海域，加快推进水产养殖业绿色发展，促进产业转型升级，农业农村部等 10 部委印发的《关于加快推进水产养殖业绿色发展的若干意见》指出，支持发展深远海绿色养殖，鼓励深远海大型智能化养殖渔场建设。科技部将"深水网箱养殖技术与设施开发"项目先后列入国家"十五"科技攻关和 863 计划，开展了一系列有关深水网箱的研究开发工作，成功地研制出具有自主知识产权的国产化深水抗风浪网箱，并批量投入生产，确立了相应的国产化生产技术，制定了企业生产标准。目前，深水网箱已在我国沿海迅速推广应用。

在此背景下，一些大型化、规模化的深海网箱和养殖平台投入生产。目前，我国已建造了大型全潜式深海智能渔业养殖装备"深蓝 1 号"、国内首座深远海智能化坐底式网箱"长鲸一号"、全球首个单柱式半潜深海渔场"海峡 1 号"和亚洲最大的量产型深海智能网箱"经海 001 号"等一批高端深远海网箱养殖装备（表 3-0-1）。

表 3-0-1　国内主要深远海网箱养殖装备

序号	名称	设计方	项目运营方	设备参数	结构形式
1	长鲸一号	烟台中集来福士海洋工程有限公司	长岛弘祥海珍品有限责任公司	长 66 m，宽 66 m，上环高 34 m，养殖水体 64 000 m³	坐底式网箱
2	海峡 1 号	荷兰迪玛仕船舶技术咨询公司	宁德市富发水产有限公司	直径 140 m，高 12 m，养殖水体 150 000 m³	半潜式网箱
3	德海 1 号	中国水产科学研究院南海水产研究所、天津德赛海洋船舶工程技术有限公司	珠海新平茂渔业公司	长 91.3 m，宽 27.6 m，养殖水体 30 000 m³	半潜式网箱
4	深蓝 1 号	中国海洋大学、湖北海洋工程装备研究院	日照万泽丰渔业有限公司	周长 180 m，高 38 m，养殖水体 50 000 m³	全潜式网箱
5	海王牧场	浙江舟山海王星蓝海开发有限公司	威海海恩蓝海水产养殖有限公司	长 90 m，宽 45 m，养殖水体 120 000 m³	半潜式网箱
6	经海 001 号	烟台中集来福士海洋工程有限公司	烟台经海海洋渔业有限公司	长 56 m，宽 56 m，上环高 40 m，养殖水体 70 000 m³	坐底式网箱

　　日照市万泽丰渔业有限公司开展了黄海冷水团鲑鳟鱼类绿色养殖的产业化实践和装备制造探索，于 2018 年建成了我国首座自主研制的大型全潜式深远海钢结构养殖网箱"深蓝 1 号"（图 3-0-2）并投入第一批三文鱼苗。"深蓝 1 号"网箱周长 180 m，高 34 m，重约 1 400 t，养殖水体约 50 000 m³，设计年养鱼产量 1 500 t，可在高温的夏季沉到黄海冷水团中进行养鱼生产。

图 3-0-2　全潜式深远海钢结构养殖网箱"深蓝 1 号"

三、渔具模型实验

网箱养殖是一门涉及渔具及渔具材料、流体力学、水产养殖、工程力学、材料力学、海洋生态环境、海洋生物行为等内容的综合学科。由于海况复杂，渔具模型实验就具有极为重要的现实意义。

（一）渔具模型实验的意义

渔具由网片、纲索等柔性材料构成，在外力的作用下极易变形，而变形又影响其作用力。渔具的形状和受力的变化，对其作业性能有极大影响。由于渔具通常规格较大，在实际工作情况下，在水下观察渔具形状和测定其受力情况非常困难。渔具模型实验是研究渔具的方法之一，指将新设计或正在使用着的渔具，按渔具相似准则复制或预制成小尺度的模拟物——渔具模型，并将其置于同渔具的实际作业环境相似的条件下，观察和测定其呈现的形状和受力情况，借以推断它所代表的实际渔具在作业时的真实情况。渔具模型实验可预测或验证渔具的性能和合理性，是设计、改进渔具和调整渔具使用方法的科学依据。渔具模型实验兴起于 20 世纪 30 年代，目前在渔业发达国家得到普遍应用，在改善渔具设计和促进捕捞技术发展方面效果显著。

网箱是由浮框、网片和纲索构成的，网箱一般为漂浮在水面上的海洋养殖设施，它的结构与网具有相似之处，故可认为它是一种漂浮在水面的特种渔具，其模型实验方法一般借鉴比较成熟的网具模型实验方法。

（二）渔具模型实验方法

渔具模型实验的方法主要有 3 种。

1. 风洞实验

风洞是一个截面为圆形或椭圆形具有一定直径的特制金属长筒，筒内外装有测力系统。实验时将渔具模型安置在筒内的实验段，然后送入高速气流进行冲击，同时观察和测量渔具所呈现的形状和受力的大小。

2. 静水槽（池）实验

静水槽是一种具有一定长度和槽断面的长方体水槽（池），以运行速度可调并装有测试仪器的桁车牵引模型在水中运动进行实验。此法测力准确，但实验时观察网形较难。

3. 动水槽（池）实验

动水槽（池）分直流式和回流式两种。前者多采用水塔供水或使天然水流流经水槽，冲击渔具模型进行实验。后者是机械驱动水流在回形水槽中循环流动冲击模型。水槽设有模拟活动海底，其实验段两侧镶有观察窗，并设工作桁车，装有多种测试仪器。渔具模型即安置在该段接受水流冲击，以达到实验目的。该法观察网形方便，测力准确，故已被日本、英国、法国等国家普遍采用。

模型尺度越大、模型所处的外界条件与实物的外界条件越接近，其实验结果就越准确。因此，有些国家还利用浅海海湾、湖泊及河道等天然水域进行大比例（模型仅缩小到实物的 1/4 ~ 1/2）的渔具模型实验，其结果可更接近于实际作业情况。

四、渔具模型实验的相似准则

渔具模型实验的理论基础是力学上的相似原理。它包括几何相似（模型与实物的几何形状相似）、运动相似（模型与实物的对应点的速度比恒等）以及动力相似（模型与实物的质量和受力成比例），三者缺一不可。渔具多由绳索、网线、网片等柔性材料制成，实际上不可能像刚性体那样使模型与实物间保持全几何相似。因此，需采用在力学相似原理的基础上建立的渔具模型实验相似准则，主要有佛洛德准则、田内森三郎准则（田内准则）、巴拉诺夫准则、狄克逊准则和克立司登生准则等，其中应用较广的是田内准则和狄克逊准则。

实验 9

海水养殖网箱设计与模型制作

一、实验目的

（1）了解网箱结构形式，掌握网箱的材料构成。

（2）选择母型网箱，计算制作网箱所用材料数量。

（3）根据实验准则计算网箱模型所需的各种材料数量。

（4）掌握网片剪裁、缝合等渔具工艺学方法。

（5）制作网箱模型。

二、实验材料与设备

1. 实验材料

PE或PPR管材、网片、网线、绳索以及沉石等。

2. 实验设备

热熔焊机、PPR管材焊机、卷尺、剪刀、管剪等。

三、实验内容及步骤

（一）母型网箱选择

网箱形状主要取决于框架造型，可分为圆形、方形、球形、船形、锥形、多边形、飞碟形、圆台形和不规则形等。网箱形状的选择，首先，应从适合主养殖品种、便于人工操作管理、增强网箱抗风浪能力和有利于箱体内外水体交换等方面综合考虑；其次，还要考虑网箱成本、养殖习惯、辅助装备条件以及休闲旅游功能等因素。目前，生产上广泛应用的网箱形状主要有圆形和方形两种。

在相同深度和相同载鱼容积的情况下，圆形或多边形网箱比其他形状更节省网片材料，但网箱的制作和操作均不便。考虑到有利于网箱内水体交换，较小的网箱（网口面积 16 m² 以下）以正方形为宜，较大的网箱则以长方形为宜。因为同样大小的网箱，面朝水流方向的宽度越大，其水体交换率也越大，所以同样面积的网箱，长方形网箱的水体交换率最佳，其次是正方形、圆形和多边形。在同一海况下，网箱大小对养殖鱼类的生长和经济效益有一定影响。

制作模型网箱前，应掌握不同海况下所采用的网箱种类，根据研究需求选择母型网箱。

（二）网箱材料计算

1. 计算网箱所需材料数量

根据母型网箱的规格，计算构成网箱所需材料数量，填写母型网箱材料表（表 3-9-1）。

2. 选定实验模型准则

在动水槽中进行水流实验，一般选用田内准则；波浪实验一般选用佛洛德准则。但由于目前针对网箱模型实验还没有比较准确的模型准则，需要今后进一步研究。目前网箱波浪模型实验主要用于获取数据与计算机模拟计算相验证。

3. 模型网箱材料计算

（1）模型尺度比选择（以网箱模型水流实验为例）：① 大尺度比，根据水槽实验段选择，需要考虑水槽的宽度和水深。② 小尺度比，选择网线粗度以及考虑网目大小（主要是工艺上是否能够制作该种网片）。

（2）根据确定的大、小尺度比和母型网箱各部分尺寸计算模型网箱对应部分的尺寸，填写模型网箱材料表（材料表与母型网箱材料表一致），见表3-9-1。

表 3-9-1　网箱材料表

		直径/mm	壁厚/mm	长度/m	数量/m或个
浮框系统	浮管				
	立柱				
	扶手管				
		规格			
	连接件				
	扶手三通				
网衣系统	网袋网片	网目尺寸/mm		网线直径/mm	
		长度目数		宽度目数	
	网圈				
	网盖				
	网底				
	力纲	直径/mm		长度/m	
锚泊系统	缆绳				
	锚泊	形式		规格	
	浮球	直径/cm		数量	

（三）网箱材料定制和购买

根据材料表统计网箱不同构件所需要的总数量，填写材料购买清单（表3-9-2），与相关单位联系定做构件（如制作小网目网片；有些构件市场上没有现成产品，需要手工编织）。

表 3-9-2　网箱材料购买清单

名称	规格	数量/m或个
浮管		
扶手管		
立柱		
连接件		
三通		
网片 1		
网片 2		
网线		
绳索 1		
绳索 2		
绳索 3		
沉子		
浮子		

（四）制作模型网箱

1. 浮框焊接

（1）根据网箱材料表（表 3-9-1）切割浮管长度、扶手长度和立柱长度；

（2）将连接件穿入浮管，然后进行浮管间对接；

（3）焊接三通和立柱，将扶手管穿入三通，然后进行扶手管对接；

（4）将立柱与连接件逐个对接，完成网箱浮框制作。

2. 网袋制作

（1）网衣剪裁：根据模型网箱网袋结构形式合理剪裁网片，要做到材料的合理使用。

（2）装配力纲：根据网袋的受力特点和母型网箱网袋的力纲装配形式以

及力纲装配缩节系数，在裁剪后的网衣合适的位置装配上力纲。

（3）网衣缝合：将裁剪后的网衣缝合在一起，构成网袋。

3. 网箱装配

使用网线和绳索将网袋与网箱浮框装配在一起，锚泊系统和网箱的装配在水槽中完成。

四、实验报告与思考题

（1）简述设计与制作网箱模型的心得体会。

（2）简述网箱模型实验的意义。

实 验 10

海水养殖网箱水动力性能测试

一、实验目的

（1）学习网箱模型的水动力测试方法。

（2）学习六分力仪传感器的数据采集方法。

（3）分析网箱水动力与水流和网箱参数之间的关系。

二、实验材料和设备

1. 实验材料

网箱模型。

2. 实验设备

水动力循环水槽、六分力仪传感器、数字式应变数据采集仪、Vectrino多普勒点式流速仪。

三、实验原理

网箱的稳定性和网箱内部的水流交换速度是由水流决定的。网箱底部框架在水流作用下会产生倾斜，容易对养殖鱼类鱼体造成擦伤甚至死亡。因此，在网箱养殖过程中既要保持内部水体的交换，又要保证网箱的稳定性。目前，近海环境破坏严重，养殖区环境污染和病害问题日趋突出，导致养殖鱼类品质下降，死亡率不断增高。为此，将网箱养殖业从内湾、近海向外海发展已成为一种必然选择。然而，外海水域海况复杂，深水区浪高、流急，网箱系统必须增强抗大浪、耐强流的能力。因此，深海网箱抗风浪和耐流技术成为制约深水网箱养殖的主要技术瓶颈，而深水网箱系统的水动力特性研究是突破这一技术瓶颈所必需的基础性研究。

有研究表明，网箱的结构、网目的形状等与网箱内部流场有紧密联系，网衣对流速的衰减效应不容忽视。

实验基于田内准则，进行水槽模型实验，一共设计了 4 种网目尺寸相同的网箱模型（菱形网目圆形网箱、菱形网目方形网箱、菱形网目六边形网箱和方形网目圆形网箱），探究不同流速的工况条件下 4 种网箱底框水平运动幅度和网箱所受阻力，为网箱选型和结构优化设计提供理论依据。

四、实验装配

可通过水槽顶部支架固定网箱（图 3-10-1），或使用缆绳固定网箱。

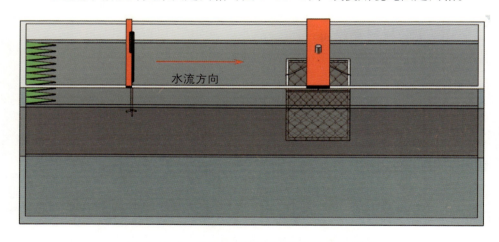

图 3-10-1　通过水槽顶部支架固定网箱示意图

五、实验操作

（1）水动力循环水槽中的水通过电机驱动的叶轮推动在水槽中形成循环流动的水流。水流在进入实验段前经过整流栅处理，在实验段形成均匀水流。水流大小通过电机转速调节。

（2）网箱安置在水槽实验段中，当水流流经实验网箱时，与整个网箱系统产生作用力，并导致网箱周围的流场变化。

（3）设计5个实验流速，分别为0.2 m/s、0.3 m/s、0.4 m/s、0.5 m/s、0.6 m/s。

（4）数据采集：设置在网箱系统上的六分力仪传感器，在水流与网箱系统产生的作用力的作用下发生形变，形变转化为电信号，由数字式应变数据采集仪进行采集、导入计算机，形成数据文件。按照预定设置的实验工况进行实验，使用数据采集仪和流速仪采集各工况条件下的数据，获得所有数据文件。

网箱水动力实验

（5）数据分析：将计算机形成的数据文件导入Excel表格，如表3-10-1，通过excel的一系列功能进行各相关数据间的关系分析和误差分析。

表3-10-1　不同种类网箱模型在不同流速下所受到的水阻力

水阻力	流速/（m/s）				
	0.2	0.3	0.4	0.5	0.6
1					
2					
3					
4					
5					
6					
7					

续表

水阻力	流速/（m/s）				
	0.2	0.3	0.4	0.5	0.6
8					
9					
10					
11					
12					
13					
14					
15					
……					

六、实验报告与思考题

（1）计算网箱模型的阻力系数和雷诺数。

（2）绘制雷诺数与阻力系数关系曲线。

（3）比较分析网目尺寸和网目形状相同的情况下，网箱形状不同对其水动力的影响。

（4）比较分析网目尺寸和网箱形状相同的情况下，网目形状不同对其水动力的影响。

实验 11

不同配重和流速下海水养殖网箱的变形实验

一、实验目的

（1）掌握影响海水养殖网箱容积的关键因素。

（2）学习网箱变形后容积的计算方法。

（3）分析配重和流速对网箱容积的影响。

二、实验材料和设备

1. 实验材料

网箱模型、铅坠（200 g，8 个）。

2. 实验设备

水动力循环水槽、2 台数码照相机、计算机及相关图像处理软件。

三、实验原理

重力式网箱主要由网衣系统、浮架系统、配重系统和锚碇系统组成。网箱有效养殖体积的保持主要依赖于配重系统，因此对配重系统的研究具有重要意义。配重系统一般直接或间接悬挂在网衣底端。比较常见的配重系统有两种：一种由底圈和沉子组成；另一种单独设置沉子。配重系统的大小对网箱的设计有重要影响。配重系统过重必然导致网衣网线的加粗，从而抬高成本，同时给网箱的操作管理带来一些不便；配重系统过轻又会导致网箱在风浪和水流的作用下有效养殖体积损失过大，对鱼类生长带来不利影响。

本实验的目的是通过改变网箱的配重和底框装配形式，来探讨重力式网箱在水流中的容积变化与以上因素的变化之间的关系。实验通过实时拍摄网箱在无水流和有水流作用下的侧面照和底部照，通过图像处理软件得到网箱上的标记点的空间位置，计算网箱的容积和网箱在水流作用下的容积损失率，分析改变网箱配重和底框形式等对网箱容积损失率的影响。

四、实验设备安装

网箱模型通过水槽顶部支架固定在六分力仪传感器下面。

数码相机安装：侧面和底部相机光轴要求在同一垂直面上；相机与槽壁间距适当，要求网袋变形后能够全部被相机拍摄到（图3-11-1）。

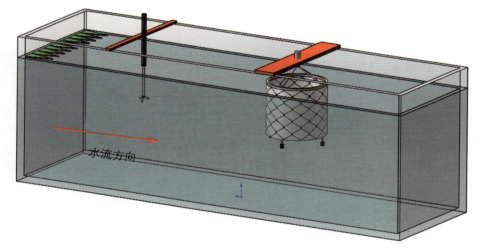

水流方向

图3-11-1　网箱变形实验设备的安装

五、实验操作

（1）按照图3-11-1所示安装实验设备和网箱模型。

（2）流速为0.0时，拍摄网箱的侧面照和底部照。打开水动力循环水槽电源，将流速调至0.2 m/s，依次在网箱底部对称加2个铅坠并进行拍照，直至加到8个铅坠后结束此流速实验；按照相同的方法，依次做完流速为 0.3 m/s、0.4 m/s、0.5 m/s 和 0.6 m/s 的实验。

网箱的变形实验

（3）数据处理：通过图像处理软件读取相对应的两张照片的底面照和侧部照，得出同一点的空间坐标。然后可根据特征面或特征体积方式比较网箱的容积损失以及改变网箱配重形式等对网箱容积损失的影响。

网箱容积损失率按照上下高度损失率来计算，因为网箱在有流的情况下，迎流面凹进去，而背流面凸出来，相当于网箱的整体圆柱体体积没有损失，而只是高度上下有损失。

故而计算公式为

$$r = \frac{V - V_i}{V} = \frac{\pi R^2 h - \pi R^2 h_i}{\pi R^2 h} = \frac{h - h_i}{h} = 1 - \frac{h_i}{h} \quad （3-11-1）$$

式中：r——网箱在一定流速下的容积损失率；

V——网箱初始容积（m^3）；

V_i——网箱在一定流速下的容积（m^3）；

h——网箱初始高度（m）；

h_i——网箱在一定流速下的平均高度（m）。

$$h_i = \frac{h_1 + h_2 + h_3}{3} \quad （3-11-2）$$

式中：h_1——网箱在一定流速下的迎流面的高度（m）；

h_2——网箱在一定流速下的中间高度（m）；

h_3——网箱在一定流速下的背流面高度（m）。

六、实验报告与思考题

（1）计算同一配重下，网箱在不同流速下的容积损失率，并绘制相应变化曲线。

（2）计算同一流速下，网箱在不同配重下的容积损失率，并绘制相应变化曲线。

实验 12

海水养殖网箱分层实验

一、实验目的

（1）了解网箱分层的结构特征。

（2）观察不同养殖密度、不同时间和喂食前后鱼类分层的行为特征。

（3）分析随着密度、时间的变化鱼类在网箱中的分层特征。

二、实验原理

养殖网箱分层，旨在通过人工分层，在减少单层鱼类养殖密度的同时，使水层的资源利用率最大化。网箱的设计同时考虑到饵料的投放以及养殖鱼类粪便的处理，使养殖水质得到优化，减少鱼类的单位发病率以及串联发病率。

三、实验材料与设备

1.实验材料

PPR管、聚乙烯网片、梭子、大菱鲆（*Scophthalmus maximus*；图3-12-1）500尾。

2.实验设备

循环水养殖水槽、监控摄像机、热熔焊机。

图 3-12-1　大菱鲆
（*Scophthalmus maximus*）

四、实验步骤

1.分层网箱模型制作

根据实验室水槽尺寸情况，养殖网箱模型设计成双层，主要包括框架系统和网衣系统。

网箱整体设计为框架结构，框架采用PPR管（直径20 cm）制作，连接件采用304型号不锈钢弯头和三通连接件。

网衣采用聚乙烯材料网片，网目形状为菱形，网目长度4 cm。网箱的规格为0.80 m×0.80 m×0.80 m（图3-12-2）。上层网衣距离网箱底层的高度为0.30 m。上层网衣设置鱼类中间通道，中间通道的宽度为0.20 m，便于大菱鲆幼鱼从底层游到上层，并且方便打捞实验过程中的病鱼、死鱼。上层两片网衣养殖面积均为0.24 m²（0.30 m×0.80 m），底层养殖面积为0.64 m²（0.80 m×0.80 m）。

立体图　　　　　　　　　　　左视图

主视图　　　　　　　　　　　俯视图

图3-12-2　双层网箱结构示意图

2.养殖网箱模型分层效果实验

（1）在实际养殖过程中，大菱鲆的养殖密度约为280尾/m²。本实验中设置了5个密度梯度：223.21尾/m²、267.86尾/m²、312.50尾/m²、357.14尾/m²、401.79尾/m²，即实验用鱼分别为250尾、300尾、350尾、400尾、450尾。

（2）实验从高密度到低密度依次进行。从500尾大菱鲆中挑选450尾身体健康、状态良好的大菱鲆，自然缓慢地放入网箱中水面上方，适应10 min后，鱼群稳定栖息在网片上，观察记录上、下层大菱鲆的数量。

（3）一组实验完成之后，从网箱中随机捞出50尾大菱鲆，保证下一组密度实验的大菱鲆数量，继续观察记录上、下层大菱鲆的数量，重复此操作直至最后一组。

图3-12-3　双层网箱实验照片

3.数据统计与分析

在不同密度条件和不同时间点以及喂食前后，直接观察大菱鲆在双层网箱的行为特征，并用相机拍照记录，统计上、下层网箱中大菱鲆的数量，并计算大菱鲆的特征参数。每个密度条件重复3次实验，求得平均值，并对统计数据进行单因素方差分析（one-way ANOVA），做不同密度间大菱鲆特征参数的比较、不同时间点大菱鲆特征参数的比较，以及喂食前后大菱鲆特征参数的比较。

特征参数采用上下层比例表示，即

$$特征参数 = \frac{上层鱼的数量}{下层鱼的数量} \times 100\% \qquad （3-12-1）$$

五、实验报告与思考题

（1）描述大菱鲆的分层行为特征。

（2）分析不同密度条件下，大菱鲆的分层特征参数。

（3）讨论养殖密度对大菱鲆的分层现象的影响。

鱼类音响驯化技术

概　论

一、鱼类的听觉器官

鱼类听觉的研究历经数个世纪。早在1820年，韦伯把人类的听觉器官和鱼的内耳进行比较，认为鱼类虽然没有外耳和中耳，但它的听觉可以依靠鳔来完成。1881年，Retzius详细研究了大西洋鲑（*Salmo salar*）的内耳构造，发现内耳由耳石（图4-0-1，7）、听壶（图4-0-1，10）、鞭毛和神经系统（图4-0-1，2）组成，可分为上下两部分：上部分包括椭圆囊和3个互相垂直的半规管及其壶腹，主要起平衡感觉作用；下部分包括球状囊和瓶状囊，主要起听觉的作用。

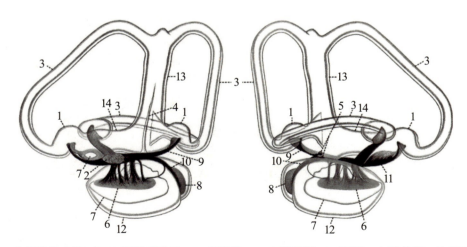

1. 半规管的壶腹　2. 耳蜗前庭神经　3. 半规管　4. 内淋巴管　5. 听斑　6. 球状囊　7. 耳石　8. 听壶上皮　9. 第八脑神经分支到半规管　10. 听壶　11. 第八神经椭圆囊分支　12. 瓶状囊　13. 共同沟　14. 椭圆囊

图4-0-1　大西洋鲑（*Salmo salar*）内耳解剖结构示意图

（引自Retzius，1881）

侧线也是鱼类的听觉器官。鱼类能够通过侧线感受水体中的水流压力、低频振动、温度变化等刺激，一般侧线能够感觉到的低频振动的频率范围为 10 ~ 150 Hz。侧线一般分布于鱼体两侧，沿着整个身体长轴，随着水平肌隔的走向分布直达尾部，呈线状排列，头部也有发达的侧线器官。

鳔是鱼类听觉的辅助器官，作用是声音的"共鸣箱"或"共振器"，对声波振动起到强化作用。

鱼类通常可分为骨鳔鱼类、非骨鳔鱼类、无鳔鱼类。因其鳔的结构不同，鱼类对声音的敏感程度也不尽相同。

二、鱼类的听觉特性

鱼类的听觉特性包括听觉阈值、环境噪声对鱼类听觉的遮蔽效果、音频辨别能力、声源定位能力、对学习音的记忆力等。

听觉阈值作为鱼类最基本的听觉特性，是指鱼类在特定的频率能听到的声音的最小声压值。听觉特性因鱼种不同而有所差异：骨鳔类（鳔与内耳通过韦伯氏器连接；图 4-0-2）听觉最敏感，可以感受的频率范围为 16 ~ 13 000 Hz；非骨鳔类次之；无鳔类的听觉能力较差，可听频率范围很小。但鱼类无论其内耳和鳔有无联系，对低频音几乎都很敏感，其可听频率下限一般小于 50 Hz。

环境噪声对鱼类听觉的遮蔽效果是指随着水域中环境噪声的增加，在降低其他声波存在的情况下，鱼类对探测相关声波的能力受到了显著的影响，从而迫使鱼类的听觉阈值增大。通常只有噪声在信号频率周围某一临界频率带内，噪声才能有效遮蔽信号。因此，在评估遮蔽是否可能出现时，确定信号频率处的动物临界频率范围是十分重要的。

音频辨别能力常用频率辨别阈来表示，是指鱼能辨别的两个声音的最小频率差。首先让鱼听到一定频率（F）的声音，随后变化其频率，观察测试鱼的行为反应，从而计算变化的频率差（ΔF）。频率辨别阈一般用（$\Delta F/F$）×100% 表示。人类的频率辨别阈为 0.1% ~ 0.3%，鱼类的音频辨别能力比人类差得多。

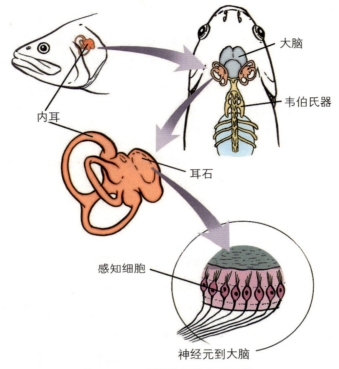

大脑

韦伯氏器

内耳

耳石

感知细胞

神经元到大脑

图 4-0-2　骨鳔类鱼类韦伯氏器

（引自 Bill Brazier，2017）

声源定位能力一般用方向辨别阈来表示。逐渐缩小两声源的角度时，鱼能辨别的最小角度称为方向辨别阈。鱼类的方向辨别阈一般采用电生理学的方法测试，需要从水平和垂直方向测试。在进行内耳微音器电位记录的同时，改变声源方向，就能测出内耳的方向敏感性。目前，已知大西洋鳕水平方向能辨别的最小方位角为 22°，垂直方向为 16°。

有关鱼类对学习音的记忆力的研究还较少，目前，只在少数种类上进行过实验。研究方法一般是建立条件反射，即投饵与放声两者相互结合的驯化方法。张国胜等（2010）采用 300 Hz 脉冲断续音对许氏平鲉幼鱼进行驯化，通过声音和投饵进行两周的驯化后，间隔 10 d 后再次播放脉冲音，许氏平鲉的聚集时间为 44 s，聚集率达到 86.3%，说明许氏平鲉对驯化声音能够记忆

10 d以上。每天的驯化次数、驯化时间以及驯化强度都会对结果产生一定的影响。部分鱼类对声音的感知情况见表4-0-1。

表4-0-1　部分鱼类对声音的感知情况

鱼种	频率/Hz	声压/dB	首次反应情况	诱集率
鲤和草鱼	400	100～130	驯化第1天，均对音刺激产生强烈的惊愕反应，游速瞬间明显加快，群体快速分散	驯化第10天，聚集率分别达到100%和98.8%
鲫	400	116～133	驯化第1天，第1次放声后产生惊愕反应	驯化5 d后，聚集率达90%以上
长鲤	400	130	驯化第1天，长鲤在放声的瞬间产生较强烈的惊愕反应，游速突然增加，迅速游离声源	驯化第5天，诱集率达到100%
褐菖鲉	150	110	100%受惊吓（几乎所有的褐菖鲉都在水中做出蹿动反应，且纷纷逃离声源）	驯化20 d后，诱集率达到86.7%
真鲷	200	110～130	100%受惊吓（在放声的瞬间真鲷幼鱼游速突然增加并游离声源）	驯化8 d后，诱集率达到99.67%
许氏平鲉	300	130～150	驯化第1天，大部分实验鱼有明显的惊愕反应	驯化第18天，聚集率达到91%
黑鲷	200	108	驯化第1天，黑鲷瞬间就表现出惊恐行为，游速突然增加并游离声源	驯化4～7 d，平均聚集率达到99.25%
卵形鲳鲹	200	108	驯化第1天，卵形鲳鲹瞬间表现出惊恐行为	驯化4～7 d，平均聚集率为97.50%

三、鱼类听觉特性研究的目的

鱼类是水生的脊椎动物，它的行为活动受到各种外界因素的影响。除敌害、人为因素外，水温、气候、洋流、水声等自然因素同样对鱼类的行为产生影响。行为学、神经生物学和神经解剖学研究表明，鱼类不仅具有听觉系统，而且和其他脊椎动物一样可以分辨声音的多种基本特性。

研究经济鱼类的听觉特性，不仅能够掌握其行为特征，还可利用鱼类行为特性开发新技术，对于现代渔业发展具有十分重要的意义。此外，通过对经济鱼类听觉特性的研究，分析鱼类对不同声音的正负趋向作用，可以促进对经济鱼类资源的评估和保护，为进行生态增养殖提供技术支撑。

1. 开发新渔具渔法，提高选择性能

随着科学技术的进步，将鱼类的行为反应研究与生产中采用的渔具渔法相结合，可提高生产效率，降低能耗，有效地利用渔业资源。同时，其研究成果还可为设计生态友好型、选择性高的渔具渔法，从而实现选择性捕捞，科学合理地开发渔业资源和渔业可持续发展提供技术支持。

声波唤鱼器、声波拟饵钓和气泡幕音响诱集、阻拦与驱赶鱼群等，都是鱼类听觉研究应用于实践的例子。符合鱼类行为规律的渔具和渔法，既可以提高捕获效率，也可以提高资源利用率。

2. 提高增养殖产量

为了尽快恢复沿海渔业资源，保护海域环境，促进我国渔业的可持续发展，必须在沿岸海域有目标、有计划、有步骤地开发建设海洋牧场，实施海洋牧场化增养殖。可在近岸海域建设音响驯化型海洋牧场，利用鱼类音响驯化等水产生物行为控制技术及海洋环境监控技术等海洋高新技术管理海洋牧场，提高增殖效益。同时开发游钓渔业，丰富旅游资源，加快产业调整。因此，研究我国主要海水经济鱼类的听觉特性，建设音响驯化型海洋牧场，运用水声学方法实现鱼群驯化和控制放流鱼类，对主要鱼类资源动态进行科学管理，在我国"耕海牧渔"的道路上必将成为实现沿岸近海渔业发展和振兴的重要方向之一。

3. 提高养殖鱼类的生长效益

研究养殖鱼类的听觉特性，利用声音（诱集）控制其行为，使鱼种在相应的养殖环境建立条件反射。驯化成功后，播放刺激声，养殖鱼类便会聚集

觅食，饵料利用率得到提高，减少饵料沉降，从而较好地改善养殖水域环境，减轻污染，使养殖场健康、持续、快速发展。

四、鱼类音响驯化的应用

1. 音响驯化技术在淡水渔业领域的应用

淡水捕捞技术与渔业资源、生态环境密切相关。如何保护生态环境，使渔业资源得到科学开发和持续利用，是其重要的指导思想。为此，新型渔具的设计，将围绕保护渔业资源和生态环境这一新概念来进行。在新的渔具设计制作和使用过程中，应根据生态效应原理，充分考虑渔具渔法对资源和环境的影响，从而保障渔业资源得到持续利用。

淡水鱼类大部分属于骨鳔类，其对声音刺激反应敏感，并有较强的学习和记忆能力。利用鱼类对某一范围频率声音的敏感性，结合饵料进行强化记忆，将分散的个体诱集成群，控制捕捞对象的行为，最后配合相应的渔具将鱼群捕获，即所谓的音响驯化技术。该技术主要是利用鱼类的听觉特性对鱼类进行驯化，依据鱼类对网具的行为反应，将现有网具加以合理改进，使音响驯化与改进后的网具完美结合，从而达到高效率捕捞的目的。该技术应用范围广泛：除可捕捞中、上层鱼种（如草鱼、鳙）外，还可捕捞行为敏捷、现行网具难以捕获的底层鱼种（如鲤、鲫）；除可应用于底质平坦的水域外，还可应用于底质复杂的水域；除可捕捞主养鱼种外，还可实现对某一鱼种、某一规格的鱼进行选择性捕捞，尤其是敌害鱼种、凶猛鱼种及野杂鱼种等。

我国淡水养殖业以池塘、水库养鱼为主，具有投资少、见效快、收益大、生产稳定、饲料转化率高等特点，对调整农业经济结构意义重大。另外，池塘、水库养鱼对合理利用自然资源、开发劳动力资源、提高社会就业率等方面也具有重要意义。针对此类大、中型水体，饲养方法以驯养为主。现阶段鱼类驯养主要采用敲铁器、竹筒等制造声响，利用颗粒饲料驯导鱼类在固定时间到固定地点主动摄取食物的生产方式。这种做法存在着在驯养的初期阶段易对鱼类造成惊吓从而严重影响驯养周期、驯养面积、饲料利用率低等。因此有必要开发小型的适合池塘使用的音响驯化系统和物美价廉的自动投饵系统，从而达到缩短驯养周期、大幅度提高饲料利用率、扩大驯养面积、便于科学管理等目的。

经过音响驯化的鱼群可在较短的时间内聚集，在此时投饵有助于池塘、水库养鱼提高饲料利用率，避免饲料过剩造成养殖区域水质的污染，尤其目前我国水库在绝大部分城市还承担着供水的任务，这样就可以使城市供水和水库效益之间的矛盾得到一定程度的缓解。音响驯化与网具结合后，在保证渔获质量的同时，能够使原有渔获产量得到进一步提高，在适当的季节还能够及时应对市场需求。因此该技术对保护有限的淡水渔业资源、恢复污染严重的内陆水质环境、保持淡水渔业的持续发展、研制开发新的渔具渔法、合理选择捕捞工具、科学组织捕捞作业以及有效进行生产经营都具有重要意义。随着音响驯化系统的研制和开发，其必将得到大规模使用与普及，同时淡水养殖业也将进入快速、健康发展的阶段。从水产捕捞技术的重要指导思想出发，音响驯化捕捞技术在淡水捕捞的未来发展中必将有着不可替代的作用与广阔的应用前景。

2. 音响驯化技术在休闲渔业领域的应用

休闲渔业（leisure fishery）是人们劳逸结合的一种渔业活动方式，是指对渔村设备、渔村空间、渔业生产场地、渔具渔法、渔业产品、渔业经营活动、自然生态、渔业自然环境及渔村人文资源做合理的规划设计，以发挥渔业与渔村休闲旅游功能，增进人们对渔村与渔业的体验，提升旅游品质，并提高渔民收益，促进渔村发展。休闲渔业是把游钓业、旅游观光、水族观赏等休闲活动与现代化渔业方式有机结合起来，实现第一产业与第三产业的结合配置，以提高渔民收入，发展渔区经济为最终目的的一种新型渔业方向。

随着休闲渔业的发展，内陆地区不少风景秀丽的江河湖库成为发展休闲渔业的重要资源。但目前休闲渔业还大都属于粗放粗管类型，主要是因为经营业主缺乏必要的有关鱼类生物学及行为学的知识与长远的发展规划，往往采取一些不切实际的技术措施，缺乏科学管理，结果事与愿违，顾客由于钓不到鱼而难以尽兴，业主由于赚不到钱而难以经营，这对新型休闲渔业的发展是相当不利的。因此，掌握鱼类的视觉、听觉、嗅觉等感觉特性，掌握鱼类的趋性、学习、游泳、集群、昼夜移动等行为规律，特别是鱼类对钓具、钓饵和人工刺激的反应规律，无疑将有利于实现休闲渔业的科学化管理。音响驯化作为一种有效的集鱼手段，更加具有实际应用意义。如前所述，在声音刺激下，鱼类驯养的时间必将大大缩短，从而大大提高鱼类的利用率，增加经营者的收入。

3. 音响驯化技术在网箱养鱼领域的应用

网箱养鱼主要采用人工投饵型网箱，鱼种入箱后要进行驯养，驯养的好坏直接影响到饵料的利用率，也是衡量投饵技术与管理水平的重要标志。在高密度饲养条件下，养殖鱼在摄食时是互相争食的，经过驯养后，一般在投喂时养殖鱼可以全部上浮摄食，但是仍然会有一定量的饵料沉降，饵料没有得到充分利用。利用音响驯化系统，可使鱼种适应环境，建立条件反射。驯化成功后，养殖鱼类一听到刺激音便会立即上浮觅食。在实验室进行真鲷的音响驯化实验时发现，音响驯化的真鲷较对照组不怕人，摄食也很活跃，饲料利用率极高，几乎没有沉降。在网箱养鱼快速发展的同时，投饵型网箱也对养殖水域造成了严重的污染。网箱投饵养鱼对水质的污染，主要来自大量残饵、鱼粪和鱼的代谢废物，水体接纳了大量的氮、磷、有机碳等植物营养素，导致浮游生物大量增殖，使水域富营养化，增加了水中有机质的负荷和氨等有毒代谢物质的浓度。水底沉淀中有机质的分解产生大量的 H_2S、NH_3、HS^- 及有机酸，不仅对鱼类而且对其他底栖动物产生很大的影响。用来养殖的沿海或内湾，在经营一段时期后由于水质富营养化的影响，将很难再度利用，严重制约了网箱养鱼的健康发展。在导致养殖水域严重污染的原因中，饲料投喂技术低是最值得关注的。因此非常有必要在投饵型网箱养鱼中使用音响驯化技术，彻底改变饵料投喂技术低的现状，尽可能减少饵料沉积，提高饵料利用率，从而较好地改善养殖水域环境，减轻污染，使网箱养鱼健康、持续、快速发展。

4. 音响驯化技术在海洋牧场领域的应用

近年来，日本以真鲷、褐牙鲆、许氏平鲉等作为对象鱼种发展海洋牧场事业：分别在大分县、长崎县、岛根县等内湾海域建设了海洋牧场，用300 Hz的正弦波声音对真鲷放流鱼苗进行音响驯化后，放流到海洋牧场水域，当年驯化鱼或"当龄鱼"的平均回捕率为11.64%，1龄鱼的平均回捕率为28.3%；在岛根县、新潟县等地的沿岸海域开发建造了以褐牙鲆为音响驯化对象的海洋牧场，通过对利用陆上设施中间育成的种苗和受过音响驯化的种苗的放流效果进行比较，发现音响驯化群的回捕率比对照群高2倍，且放流后2年多的回捕率高达21.5%；在宫城县等地开发了以许氏平鲉为主要对象的音响驯化型海洋牧场，其结果表明，对许氏平鲉的稚鱼在海上进行音响驯化放流管理也是可行的。有关音响驯化型海洋牧场的基础研究，美国、加拿大及欧洲一些国家也做了不同程度的研究。

我国在20世纪80年代曾提出开发建设海洋牧场的设想，90年代又有学者对南海水域发展海洋牧场提出建议，并对南海水域做了多项综合和专项调查，为开发建设海洋牧场提供了背景资料和技术储备。另外，我国对人工鱼礁方面的研究，从起步到20世纪90年代初期也取得了一定的进展。共建成24个实验点，投放人工鱼礁28 700多个，总体积为120 000空立方米，取得了较好的经济效益和生态效益。我国台湾地区对人工鱼礁方面的研究也取得了很大成绩，20世纪80—90年代投放了大量的人工鱼礁，取得了很高的经济效益。但是，到20世纪末我国海洋牧场的开发还仅限于投放人工鱼礁，并且由于投放的规模小，形成的鱼礁渔场对沿岸渔业的影响甚微；另外，对海洋牧场的研究重视也不够，特别是对音响驯化型海洋牧场这一海洋高新技术的开发研究还没有真正开展起来，在此方面我国已远远落后于其他先进国家。进入21世纪，海洋渔业资源备受重视，海洋牧场的开发逐渐受到瞩目，有关方面的研究也在不断深入，为我国海洋牧场的开发积累了一定的经验。近年来，为了尽快恢复沿海渔业资源，各地进行了对虾等种苗放流，并取得了一定的成绩。

实验 13

应用心电图法测定许氏平鲉的听觉特性

一、实验目的

（1）学习鱼类听觉阈值的测定方法。

（2）测定许氏平鲉的听觉阈值。

（3）绘制许氏平鲉的听觉阈值曲线。

二、实验材料与设备

1. 实验材料

许氏平鲉（*Sebastes schlegelii*）50 尾，健康、活力较好。

2. 实验设备

循环水养殖水槽、玻璃水缸（0.6 m×0.4 m×0.4 m）、直流稳压电源、扬声器、音频扫频信号发生器（CRY5520）、数字示波器、音频功率放大器、心电图机、计算机。

三、实验原理

鱼类的听觉能力在其索饵、洄游、集群、生殖、防御以及声通信交流中具有重要的作用。鱼类的听觉阈值，是指鱼类能够听到的声音的最小声压值。根据鱼类的听觉阈值绘制的曲线，称为听觉阈值曲线，又称听力图，通常用于描述鱼类的听觉能力。它包括鱼类可听到的频率范围、鱼类的听觉阈值和鱼类听觉最敏感的频率。常用的鱼类听觉的测量方法包括行为学方法、内耳微音器电位法、听性诱发电位法，以及心电图（electrocardiogram，ECG）法等。

ECG法是一种行为学和电生理学相结合的实验方法。它是先通过对实验鱼进行反复的声电刺激建立条件反射，而后只放声音，根据植入实验鱼体内的电极采集到的心电图变化来观察鱼类听觉特性，最终通过监测实验鱼对声刺激的心电图反应特征来判断鱼类听觉阈值。

四、实验设备安装

实验装置如图4-13-1所示，包括以下四部分。① 隔音室。② 电刺激系统，直流电源连接两块规格相同的铁板作为电极板。③ 声刺激系统，使用两个同种型号的扬声器作为刺激声源，由信号发生器连接音频放大器输出声信号。水槽放在两个扬声器中间，扬声器距离水槽外壁 5 cm，使两个声信号同振幅、同相位，建立类匀强声场。同时，使用水下声音测量系统对声音环境进行监测。④ 数据记录系统，将心电图和信号发生器的信号导入示波器进行记录。

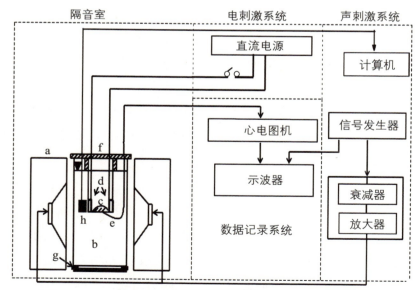

a. 扬声器　b. 实验水槽　c. 实验鱼　d. 刺激电极　e. ECG电极　f. 固定框架
g. 海绵垫　h. 噪声解析系统

图 4-13-1　实验装置图

（引自邢彬彬，2018）

实验水槽下方铺垫海绵减少震动。用纱布包裹实验鱼体躯干部并保持鳃盖和尾部露出，然后固定于水槽中心，并保持实验鱼头部方向与声场中心的位置重合。实验水槽上方采用富氧海水过滤和循环装置，为水槽内提供海水循环。此外，在听觉测量时，为了避免海水循环装置的工作噪声对实验结果的影响，应将过滤器关闭。

五、实验操作

1. 实验鱼暂养

许氏平鲉于水槽暂养 3 d，适应养殖环境，然后开始实验。

2. 电刺激电压选择预实验

使用声电刺激建立条件反射时，如果电刺激电压过高，实验鱼心电图将出现心律不齐、紊乱的信号，且很难恢复正常，甚至导致实验鱼死亡。但若电击电压过低，实验鱼的心率无明显变化，条件反射将无法建立。因此，在条件反射建立前，需要对许氏平鲉进行电刺激电压选择预实验。参考经验数据，一般将电刺激电压范围设置为 8 ~ 16 V。通过预实验发现，只有在电刺激电压为 12 V 时，实验鱼在电刺激实验后，心率信号才能完全恢复平稳状态，低于或高于 12 V 时心率恢复不规律。因此，选择 12 V 电压对实验鱼进行电刺激最为合适。

3. 条件反射建立实验

条件反射建立开始时，使用声电刺激相结合，分别以频率为 60 Hz、100 Hz、150 Hz、200 Hz、300 Hz、400 Hz、500 Hz、700 Hz 的纯音作为声刺激源，在 60 ~ 300 Hz 播放的纯音声压级约为 125 dB，400 Hz 播放的纯音声压级约为 140 dB。以 12 V 作为电刺激源，在纯音放声 1 s 后，每间隔 0.1 s 对实验鱼进行一次 0.5 s 持续矩形波电击，每组实验间隔 5 min。同时监测实验鱼的心率变化，当实验鱼感觉到声音刺激时，其心搏速率将自动放缓，以此预防随之而来的电击。声电刺激后，只放纯音信号，不进行电刺激，观察实验鱼心电图。

为了确定条件反射是否建立，在每次声电刺激后 1 ~ 2 h，进行 3 次间隔

5 min 放声（无电）重复验证，发现实验鱼在声电刺激驯化小于 7 次时，均未能完全出现心率反射，直至电击次数增加到 7 次时，实验鱼在 3 次放声（无电）验证时才能全部获取心率条件反射。因此，认为电击次数达到 7 次时，方可满足实验鱼的声电条件反射建立。此后，无须继续进行电击驯化，以减少电击对鱼体体力的消耗。

4. 听觉阈值的测量

在条件反射建立完成后 1 ~ 2 h，进行听觉阈值的测量。通过观察实验鱼的心电图周期变化是否规律，判断实验鱼是否适合实验。声刺激的声压，通过放大器和信号发生器相结合，以 1 ~ 2 dB 幅度进行微调节。同时记录心电图与刺激声音信号，每次实验记录 1 min，同时观察实验鱼对声音刺激有无反应。每组声刺激实验，当实验鱼 2 次或 2 次以上出现相同的心率延长周期，则认为此时的声压级为该频率上实验鱼的最小听觉阈值。将测得值记录于表 4-13-1，最后对数据进行统计处理。

六、注意事项

（1）鱼类听觉实验所有的水槽均为玻璃水缸。

（2）实验之前，要对刺激声音进行校正，以保证扬声器输出频率准确。

（3）在 ECG 实验前，要对实验鱼进行麻醉。从暂养水槽中，随机挑选 1 尾健康的实验鱼，使用有效浓度为 0.2 g/L 的鱼安定（MS-222，间氨基苯甲酸乙酯甲磺酸盐）对实验鱼进行浸泡麻醉，经过 60 ~ 90 s 鱼体失去平衡，在 200 ~ 260 s 鳃盖仅有轻微振动时，鱼体无明显肌肉运动，处于半昏迷状态。麻醉时间可持续 10 min 左右，直至单组实验结束。

七、实验思考题

（1）绘制许氏平鲉的听觉阈值曲线。

（2）分析许氏平鲉最敏感的声音频率。

表 4-13-1　许氏平鲉不同频率上的最小听觉阈值

实验鱼	频率/Hz							
	60	100	150	200	300	400	500	700
1								
2								
3								
4								
5								
6								
7								
8								
9								
10								
11								
12								
13								
14								
15								
16								
17								
18								
19								
20								

实 验 14

许氏平鲉音响驯化实验

一、实验目的

（1）掌握鱼类音响驯化的实验方法。

（2）观察许氏平鲉对正弦波连续音的反应特征和变化过程。

（3）研究正弦波连续音对许氏平鲉的诱集效果。

二、实验材料与设备

1.实验用鱼

许氏平鲉（*Sebastes schlegelii*）幼鱼50尾，健康、活力较好。

2.实验设备

循环水养殖水槽、音频扫频信号发生器（CRY5520）、音频功率放大器、水下喇叭（8 Ω、30 W）、数字示波器、数字水听器（DHP8501）、声级计、直流稳压电源。

三、实验原理

音响驯化技术是在海洋牧场中对生物行为的一种控制技术，是利用鱼类的听觉行为，采用一定频谱的声波结合投饵对其进行条件反射训练，从而达到对鱼群进行有效控制的目的。将驯化后的苗种进行增殖放流，在放流初期利用声音吸聚并适当投喂饵料，可以有效地实现放流苗种从人工育苗状态到自然海域觅食生活状态的转变，提高放流苗种的成活率；在鱼类繁殖期间，放声使鱼群聚集，可以增加鱼卵体外受精成功率；在回捕时，放声配合适宜的渔具渔法，可以实现驯化鱼类的合理开发利用。

音响驯化一般经历 3 个过程：① 环境适应；② 对饵料的需求达到一定的量；③ 建立声音与摄食之间的条件反射。

有实验证明，许氏平鲉在 300 Hz 频段听觉阈值为 119.8 dB，临界比为 40.3 dB。本实验采用 300 Hz 频段。

实验中记录实验鱼的反应时间、聚集时间和聚集尾数。反应时间为从开始放声到有实验鱼聚集到标志区域内的时间；聚集时间为从开始放声到不再有实验鱼聚集到标志区域内的时间；聚集尾数为在聚集时间内聚集到标志区域内的鱼尾数。把聚集尾数与实验鱼的总尾数的百分比作为聚集率，并根据实验鱼的反应时间、聚集时间和聚集率来判断驯化效果。实验数据从驯化第一天开始记录，共记录 7 d。

四、仪器连接框图

如图 4-14-1 所示，在水槽 4 个角各安装一架摄像机，并在水槽的一侧

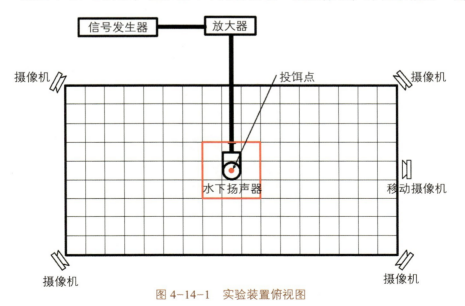

图 4-14-1　实验装置俯视图

架设移动摄像机，记录实验鱼的行为反应。200 Hz 矩形波连续音由音频扫频信号发生器产生。利用数字水听器将水槽中央即中心上方 0.3 m 处的声压控制在 127.6 dB，其他测试点水中声压以中心点为中心（127.6 dB）向水槽四周递减，并且各测试点声压均大于 100 dB。

五、实验操作

（1）将 50 尾许氏平鲉幼鱼移入循环水养殖水槽中（图 4-14-2）暂养 3 d，然后进行音响驯化实验。

（2）实验前观察鱼类的行为特征和分布情况。

（3）各仪器通电前要仔细检查仪器之间连接，确保无误。音频功率放大器的调节输出旋钮调至最小（min），以防止输出过大损坏喇叭。音频扫频信号发生器的输出旋钮调至最小（min），以防止过载。

（4）为避免实验鱼饱食后对声音反应不敏感，每日投饵量设定为 25 g（约为实验用鱼总体重的 1.5%），分 4 次投喂，饵料为市面出售的海水鱼养殖用颗粒饲料。每日 09：00 开始驯化，每隔 3 h 驯化一次，共 4 次，实验时间为 20 d。每次驯化时间设定为 300 s，前 30 s 只放声、不投饵，中间 240 s 为投饵时间，投饵结束后，继续放声 30 s。

（5）观察实验鱼的行为特征，将实验鱼的反应时间、聚集时间和聚集尾数记录于表 4-14-1。

音响驯化实验

图 4-14-2　实验鱼暂养于水槽

表 4-14-1　许氏平鲉音响驯化数据统计表

驯化天数	驯化时间	水温/℃	溶解氧/（mg/L）	反应时间/s	聚集时间/s	诱集尾数/尾
第1天	09：00					
	12：00					
	15：00					
	18：00					
第2天	09：00					
	12：00					
	15：00					
	18：00					
第3天	09：00					
	12：00					
	15：00					
	18：00					

续表

驯化天数	驯化时间	水温/℃	溶解氧/(mg/L)	反应时间/s	聚集时间/s	诱集尾数/尾
第4天	09：00					
	12：00					
	15：00					
	18：00					
第5天	09：00					
	12：00					
	15：00					
	18：00					
第6天	09：00					
	12：00					
	15：00					
	18：00					
第7天	09：00					
	12：00					
	15：00					
	18：00					

六、实验注意事项

（1）为了消除鱼群的恐惧感，在实验前 3 ～ 5 d 将水下喇叭放入水池内。

（2）在进行实验时，停止向池内充气和放水，以减少噪声对鱼的干扰。

（3）为避免实验时人影对实验效果的影响，使用直径 2 cm、长 2 m 的软塑料管远距离投饵，投饵点设定在标志框中心。

（4）为避免饵料落水时产生的声音对实验声音的干扰，将投饵管没入水面少许。

七、实验报告与思考题

（1）描述音响驯化前后，许氏平鲉的行为特征。

（2）分析许氏平鲉的反应时间、聚集时间和聚集率的变化趋势。

（3）讨论音响驯化如何应用在海洋牧场中。

实验 15

网箱中许氏平鲉音响驯化的诱集实验

一、实验目的

（1）观察许氏平鲉在驯化前后的行为反应特征。

（2）探究采用栖息环境海域背景噪声对许氏平鲉的驯化效果。

（3）分析比较正弦波连续音和栖息环境海域背景噪声对许氏平鲉驯化效果的差异。

二、实验材料与设备

1.实验用鱼

许氏平鲉（*Sebastes schlegelii*）幼鱼 200 尾，健康，活力较好。

2.实验设备

循环水养殖水槽、方形网箱、音频扫频信号发生器（CRY5520）、音频功率放大器、水下喇叭（8 Ω、30 W）、水听器、声级计、直流稳压电源。

三、实验原理

目前，音响驯化在鱼类养殖、人工放流回捕、海洋牧场的监测和管理中被证明有重要的辅助作用，并且音响驯化的装置已作为商品出现在市场上，可以看出音响驯化对鱼类行为的控制作用已在相关领域被广泛接受并推广。

本实验尝试在实验室网箱中进行音响驯化，并采用许氏平鲉放流海域的水下背景噪声作为驯化音源，紧密结合许氏平鲉的生理习性，将实验室中的网箱作为音响驯化场地，探究许氏平鲉行为与水下声学的关系，定期投饵结合放音对许氏平鲉进行一定时间及强度的驯化，探究音响驯化的有效性。

许氏平鲉是岩礁性鱼种，主要栖息于礁石附近，因此，可以提取自然栖息水域的背景噪声作为驯化音频。待建立放音投饵条件反射后，放流许氏平鲉入海更能适应自然水域，降低放流死亡率。而且，人工音源的响度高于自然水域，因此，在一定范围的海域（声音随着传播范围扩大，强度减弱）放驯化音能盖过自然音，不会因为自然音与驯化音近似而使许氏平鲉无法判断。有实验结果表明，用自然水域采集的复杂声波进行音响驯化能使鱼类对声音产生正趋性。

文献表明，鱼类的记忆力、识别力都相当强，在某些方面优于部分高等的脊椎动物甚至灵长类动物。鱼类的学习行为与其他动物一样呈现出多样化，包括印记、习惯化、条件反射等行为方式。鱼类音响驯化作为一种通过人为附加音响配合投饵反复刺激鱼群达到记忆的方式，属于条件反射的范畴。而本实验采用将录制的许氏平鲉生活水域自然音作为音响驯化的音源。有实验结果表明，采取鱼类习惯的声音反复对其进行强化，能达到理想的驯化效果。

四、实验设备连接

实验设备连接示意图见图 4-15-1。

五、实验操作

参照网箱许氏平鲉养殖的模式，音响驯化投喂频率为每天 1 次，日均投饵量为鱼群总质量的 0.6%。实验鱼群样本数庞大，故将投饵前放音时间定为 1 min，投饵时间为 5 min，投饵结束 1 min 后停止放音。

许氏平鲉属近底层海洋鱼种，其摄食率、生长率、代谢率均随温度上升

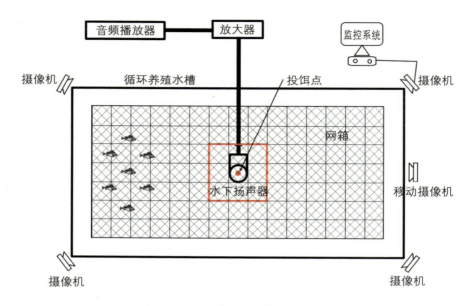

图 4-15-1　实验装备连接示意图

而呈减速增长趋势，为了提高音响驯化效果，投饵量不能过足。

实验分为两个阶段。第一阶段为常规的投饵驯化，当驯化鱼群对水下音响的正反馈达到理想程度，中间停止放音驯化，只每天给予必要的饵料，该过程持续 30 d，即进行 30 次音响驯化。停止放音，间隔 18 d 后，再继续进行第二阶段的音响驯化。该阶段共持续 8 d，各种实验条件与第一阶段相同，但需调整投饵量，重复第一阶段的放音投喂步骤，探究许氏平鲉对声音的记忆效果，以及重新达到先前的记忆水平所需要的驯化次数。

本实验均在室内循环水养殖水槽内进行，采用视频监控，每次实验结束后，通过观看视频提取可用数据。将数据记录于表 4-15-1。

表 4-15-1　网箱内许氏平鲉音响驯化数据统计表

驯化天数	水温/℃	溶解氧/（mg/L）	反应时间/s	聚集时间/s	诱集尾数/尾
第 1 天					
第 2 天					
第 3 天					
第 4 天					
第 5 天					
第 6 天					
第 7 天					
第 8 天					
第 9 天					
第 10 天					
第 11 天					
第 12 天					
第 13 天					
第 14 天					
第 15 天					
第 16 天					
第 17 天					
第 18 天					
……					

六、实验报告与思考题

（1）音响驯化前后，观察实验鱼的行为反应特征。

（2）分析音响驯化效果。

（3）分析对比室内水槽与网箱音响驯化效果。

实验 16

淡水鱼类的音响驯化实验

一、实验目的

（1）学习淡水鱼类（如鲤、草鱼）音响驯化的实验方法。

（2）观察淡水鱼类对正弦波连续音的行为反应特征。

（3）探究 400 Hz 正弦波连续音对淡水鱼类的驯化效果。

（4）分析淡水鱼类对声音刺激的行为反应规律。

二、实验材料与仪器

1. 实验用鱼

鲤（*Cyprinus carpio*；图 4-16-1）和草鱼（*Ctenopharyngodon idella*；图 4-16-2）。

图 4-16-1　鲤（*Cyprinus carpio*）

图 4-16-2　草鱼
（*Ctenopharyngodon idella*）

2. 实验设备

循环水养殖水槽（圆形）、照度计、音频扫频信号发生器、音频功率放大

111

器、水下喇叭（8 Ω、30W）、数字示波器、数字水听器、声级计、直流稳压电源。

三、实验设备连接

实验设备连接如图 4-16-3 所示。

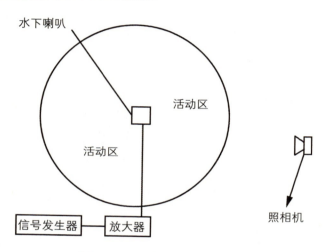

图 4-16-3　实验设备装置简图

四、实验操作

实验水槽为直径 1.5 m 的圆形水槽，其四周用布帘围遮。水槽上方用日光灯照明，水面平均光照度 117 lx。在水槽底面中心处做 0.4 m×0.4 m 正方形标志框。水温控制在 18 ~ 22℃，水深 1.0 m。

水下喇叭放置在标志框中心、水下 0.5 m 处。水下喇叭在实验开始前放入，以让实验鱼类适应实验环境。

为避免实验时近距离人影对鱼群行动的影响，使用直径为 2 cm、长为 2 m 的软塑料管远距离投饵，投饵点设定在标志框中心。为避免饵料落水时产生的声音对声源纯度的干扰，投饵管没入水面少许。在水槽一侧用照相机进行拍摄记录。

随机抽取鲤、草鱼 20～40 尾放入实验水槽暂养 3 d，然后开始实验。音响驯化时间设定为先放声 60 s，然后开始伴随放声投饵，投饵时间为 120 s，投饵结束后，继续放声 60 s 结束。为避免实验鱼饱食后对声音反应不敏感，投饵量每次设定为 10 g（约为实验鱼总体重的 0.6%），分 4 次投喂（从第 60 秒开始每隔 30 s 投喂一次）。每日驯化 4 次，实验时间为 10 d。

五、实验报告与思考题

（1）分析鲤和草鱼对正弦波连续音的行为反应特征和变化规律。

（2）计算鲤和草鱼对正弦波连续音的反应时间、聚集时间和聚集率。

（3）分析正弦波连续音的音响驯化效果。

淡水鱼类在声音刺激下对模拟组合网的行为反应实验

一、实验目的

（1）观察淡水鱼类在声音刺激下对定置网具中八字网、拦网部分的行为反应特征。

（2）探讨音响驯化技术在渔业中的应用。

二、实验材料与设备

1. 实验用鱼

鲤（*Cyprinus carpio*）和草鱼（*Ctenopharyngodon idella*）。

2. 实验设备

循环水养殖水槽、照度计、音频扫频信号发生器、音频功率放大器、水下喇叭（8 Ω、30 W）、数字示波器、数字水听器、声级计、直流稳压电源。

模型组合网八字网门的上网门宽 26 cm，下网门宽 100 cm，上、下网门间距离为 70 cm，拦网长 150 cm，组合网各部分高均为 80 cm；八字网侧网衣与拦网方向的夹角 θ 为 28°，八字网门上网门距离水下扬声器 40 cm，拦网一端距离水槽另一侧 170 cm。见图 4-17-1。

三、实验原理

鱼类的行为，特别是鱼类对渔具的行为反应，是研究渔具作业性能和进行渔具设计时必须综合考虑的内容之一。渔具的作业性能必须适应鱼类的行

图 4-17-1　模拟组合网实物图

为反应，鱼类的行为是确定渔具主要参数的依据。而定置网具作为沿海和内陆水域使用较广泛的渔具之一，其各部分的结构原理同样取决于鱼类的行为，各部分装备是否得当直接影响鱼群能否顺利进入取鱼部、是否容易逃逸等情况。

近年来，随着鱼类听觉特性研究的快速发展，以其为基础的音响驯化技术已经应用于海洋牧场及淡水水域对鱼类行为的控制。本实验参考定置张网、须笼网、刺网、箔筌渔具、迷魂网、多门网箱籪、底层鱼诱捕定置网箱等定置网相关参数的设计，根据现有实验条件设计了包括八字网和拦网的模拟组合网，结合音响驯化，继续研究鲤、草鱼在声音刺激下对定置网具中八字网、拦网部分的行为反应，分析了影响捕捞鲤、草鱼定置网渔获效果的重要因素，在研究音响驯化的同时，深入探讨了音响驯化技术在渔业中的应用。

四、实验设备连接

实验设备连接见图4-17-2。

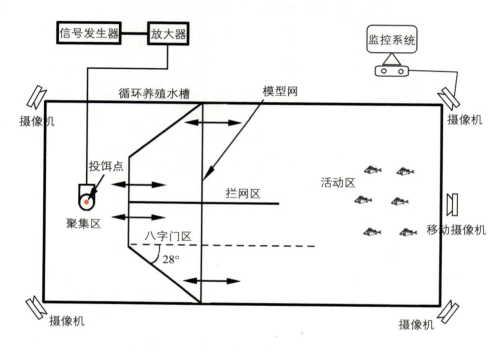

图4-17-2　实验设备设置示意图

五、实验操作

（1）实验水槽四周用布帘围遮，水槽上方用日光灯照明，水面平均光照度117 lx。水下扬声器放置在水深0.3 m，距离水槽一侧0.4 m处。投饵点设定在声源和八字门上网门的中间位置。水槽四周均架设录像机，记录实验鱼的行为反应。模型网的安放位置如图4-17-2所示。由低频信号发生器产生400 Hz矩形波连续音。利用水中音压计将距离投饵点水深0.3 m处的声压控制在127 dB左右，同时，测得水中声压随距离梯度递减，并且水槽中距离扬声器最远点的声压值均大于100 dB。实验期间，水温控制在18 ~ 22℃，水深1.0 m。

（2）为避免实验时近距离人影对鱼群聚集效果的影响，使用直径为2 cm、长为 2 m 的软塑料管远距离投饵，投饵点设定在声源和八字网上网门的中间位置。为避免饵料落水时产生的声音对声源纯度的干扰，投饵管没入水面少许。

（3）实验鱼在水槽内暂养 3 d，适应环境后方可进行实验。

（4）暂养结束后，随机选取健康的鲤或草鱼 40 尾移入实验水槽，用 400 Hz 矩形波连续音驯化 5 d，待其对声音有了条件反射后，将模型网按照实验设计放置在水槽的一端，开始正式实验。

（5）实验前，把实验鱼驱赶到水槽另一侧的活动区。每次驯化时间设定为 240 s，即先放声 60 s，然后开始投饵 120 s，投饵结束后，继续放声 60 s 结束。为避免实验鱼饱食后对声音反应不敏感，投饵量每次设定为 10 g（约为实验鱼总体重的 0.6%），分 4 次投喂（从第 60 秒开始每隔 30s 投喂 1 次）。每日 8：00 开始驯化，每隔 4 h 驯化 1 次，共 4 次，实验时间为 10 d。

（6）实验中记录开始进入拦网时间、开始进入八字门时间、开始聚集时间、聚集时间以及聚集尾数。开始进入拦网时间为从开始放声到有实验鱼进入拦网区内的时间；开始进入八字门时间为从开始放声到有实验鱼进入八字门的时间；开始聚集时间为从开始放声到有实验鱼进入到聚集区内的时间；聚集时间为从开始放声到不再有实验鱼聚集到聚集区内的时间；聚集尾数为在聚集时间内聚集到聚集区内的鱼尾数。以聚集尾数与实验鱼的总尾数的百分比作为聚集率，并根据鲤和草鱼的开始进入拦网时间、开始进入八字门时间、开始聚集时间、聚集时间和聚集率来判断实验鱼在声音刺激下对模型网各部的行为反应。

六、实验思考题

（1）分析放声前后，鲤和草鱼的行为特征和变化趋势。

（2）描述鲤和草鱼通过模型网后的行为特征。

（3）绘制鲤和草鱼的开始聚集时间、聚集时间和聚集率的变化趋势折线图。

（4）探讨音响驯化技术在渔业中的应用。

第五部分

海洋牧场对象物种驯化控制技术

概　论

对象物种驯化控制技术是以行为学理论为基础，利用高科技手段，建立对象生物行为驯化系统，用声、光、电、磁、鱼礁、饵料等物理、生物手法相结合驯化对象生物，使其从发生到捕获始终受到有效的行为控制的技术。可开发和应用限制其活动的范围的环境诱导技术，如音响驯化技术、人工鱼礁诱集技术、气泡幕阻拦技术、灯光诱鱼技术、电栅围栏技术等；对某些有回归习性的鱼类，转移其生理功能基因技术，也是行为控制的有效方法。在第一部分和第三部分已经对音响驯化技术和人工鱼礁诱集技术做了详细介绍，并设置了相关实验，本部分不再重复介绍。

对象物种驯化控制技术的目的是防止放流鱼逃散，防御敌害，保护集聚的鱼群，诱导至适宜场所，提高鱼的密度，拦截海域，予以保护。

鱼群驯化控制技术包括遮断、诱导、防止外逃（驯服）三大类。人为驯化控制放流鱼行动，可用光、声、电、饵料、渔具、人工鱼礁。音响驯化是利用鱼类对某一范围声波的敏感性进行强化记忆，其主要流程：人工繁殖—中间育成—音响驯化—放流（音响给饵）—捕捞。投放人工鱼礁集鱼，使鱼群滞留，应根据鱼的品种、不同生长阶段而有所不同，按照对鱼礁的利用形态来考虑人工鱼礁的结构和配置。为防御敌害，防鱼群逃散，可用网、气泡幕、电、激光等栏隔。在中间培育场、养殖场、湾口可用声响和饵料驯诱，也可造成藻场，保护中间培育场的稚鱼不外逃。诱导可利用鱼的趋性，使之集中于生产场。通过实验比较了声、激光和电的作用，认为电最有效。经过一段时间，鱼群便习惯了光和声，不再出现忌避行动，而电则可以完全阻拦。

一、气泡幕技术

一般认为气泡幕对鱼有 3 种刺激作用：一是视觉作用，即气泡在水下产生后，接着上升到水面，形成一个帷幕或者一堵气泡墙，这在鱼的视野范围内将对鱼产生一种视觉刺激，形成视觉屏障。二是听觉作用，声响主要来自从出气孔以很大速度抛出的空气跟水强烈地混合；气泡在上升过程中逐渐膨大，气泡内声波压力周期性变化引起气泡内空气振动；气泡冲出水面破碎。三是机械压力振动，形成气泡幕的压缩气体从出气孔高速喷出时，气泡在上升运动过程中都会强烈搅动水体，使水的压力发生变化，产生低频机械振动，这种振动会被鱼的侧线所感觉到。鱼类对气泡幕的感觉可以通过 4 种途径，即通过视觉、听觉、侧线感觉和触觉产生。

（一）气泡幕的视觉特征

通过参数气泡幕实验观察到，当气泵充气时，出气孔产生连续独立的不规则球形气泡，形成气泡流，气泡在上浮过程中，体积膨胀，当上浮高度大于一定高度时，相邻的空气泡相互混合，形成"气泡墙"，而在气泡混合之前的空气泡形成"气泡栅栏"，气泡幕包括"气泡墙"和"气泡栅"两部分。研究不同孔距固定气泡幕对黑鲷的阻拦作用时发现：当孔距为 5.0 cm 时，产生的气泡体积适中，形成的气泡流均匀，阻拦作用效果好；当孔距小于 5.0 cm 时，没有发现气泡上升过程中有明显的合并现象；当孔距大于 5.0 cm 时，气泡流之间有很多无气泡区，特别是靠近气管处，形成"气泡栅栏"。

只有气泡幕被鱼感觉到是整片的气泡墙时，方能产生较高的驱赶效果。室内研究气泡幕对鱼类的阻拦效果实验显示：气泡幕形成前，实验鱼在实验水池行为活跃，频繁穿越中线，说明实验水池对鱼类行为没有影响；气泡幕刚形成时，对实验鱼的感觉器官产生刺激作用，实验鱼行为发生明显变化，位于通气管附近的实验鱼会游离气泡幕，而在水池其他区域的实验鱼静止不动，说明气泡幕有绝对的阻拦作用；气泡幕形成一会儿后，小部分的实验鱼开始慢慢游向气泡幕，实验鱼游到气泡幕附近时，有时立即改变游动方向返回，有时则随水流上升到表层后再返回，但不穿越气泡幕，随着通气时间的延长，加上实验水池空间相对于实验鱼的自然活动范围过于狭小，在经过短时间的适应后，开始有鱼穿越气泡幕，随后其他实验鱼也跟着穿越，这时气泡幕就没有太大的阻拦作用了。研究指出：红鳍东方鲀第一次穿越气泡幕的时间间隔因气泡幕密度不同而有所差异，但最长时间没有超过 261.0 s；间隔时间并没有随着实验次数的增加而明显增长或缩短，在这一时间内气泡幕有绝对的阻拦效果。

不同的适宜孔距可能与不同的鱼能看到气泡幕的最大距离有关，即与气泡幕对鱼类产生的视觉作用的效果有关。鱼的光感觉器官（眼睛）不仅能感觉到光的明暗和颜色，而且还能识别物体的形状、大小、运动等。不同的孔距、孔径、压缩空气压力等决定气泡幕的密度，是影响其阻拦率的重要因素，其中气压与孔径、孔距的相互作用对阻拦率影响较大。观察表明，不同压力的气泡幕视觉效果也不相同：压力小时，气泡较稀疏，上升较缓，气泡流之间有很多无泡区；压力大时，气泡密集在水槽中产生环流，气泡幕在流的作用下来回摆动。

气泡幕对鱼群的阻拦效果还与光线的强弱和鱼眼感光敏感程度有关。实验发现，在光照条件下所有停留在气泡幕前的鱼，在关闭光源 20 min 后仍通过气泡幕；而在黑暗条件下只有在最初的 2 min 通过气泡幕。气泡幕在白天对幼鲑（*Salmo* sp.）的导鱼效果很好，但在黑暗中导鱼效果大大下降。气泡幕密度变化的实验也证实鱼类的视觉器官在感受气泡幕时起主导作用。有研究在室内水槽中观察黑鲷失去视觉后对气泡幕的反应，同种参数下比较气泡幕对正常视觉黑鲷与失去视觉黑鲷的阻拦效果，结果表明黑鲷失去视觉以后，活动受到很大的限制，游泳行为发生改变，通过水池中线的尾数明显比空白实验时低，气泡幕对其阻拦率明显下降，说明黑鲷的视觉起很重要的作用，但此时气泡幕的阻拦作用并没有完全消失，表明鱼的听觉器官和侧线等感觉系统也参与了气泡幕感知行为。

（二）气泡幕的声学特征

气泡幕对鱼类的影响，除了视觉途径外，还通过听觉、震动感觉和触觉。声学特性不同，对鱼的听觉作用也就不同。鱼类的内耳有听觉机能，可以感受的频率范围为 16 ～ 13 000 Hz。鱼类的侧线也有听觉机能，能感受的频率范围为 1 ～ 25 Hz。而鱼类是否有鳔，以及鳔的大小、形状及其与内耳的联系方式等也会影响鱼类的听觉。

对实验水池中气泡幕的声响进行测试，发现其频率范围为 0 ～ 25 kHz，甚至更高，而鱼的听觉最敏感的范围是 100 ～ 1 000 Hz，并且鱼对声感觉的阈值很接近人的听觉阈值，所以气泡幕产生的声对鱼产生较强的听觉刺激。在气泡幕形成时，尤其是排气管刚放气的瞬间，鱼突然听到响声，会受惊并四处逃逸，但由于气泡幕自身没有对鱼形成威胁性刺激，即没有让鱼感到生命安全受到威胁，同时实验水池空间相对于鱼的自然活动范围过于狭小，所以经过短时间的适应后，鱼群中"胆大"的鱼一旦穿越气泡幕，其他鱼便会蜂拥而过，这就使气泡幕不可能成为绝对的屏障。使用气泡幕时可以考虑与其他物理屏障如电幕、声波幕、光幕等相结合，让鱼在接触气泡幕时所受到的刺激有痛感及危险感，使其不能轻易穿越气泡幕，以提高气泡幕的阻拦效果。

在实验室中，由于受水池空间限制，形成气泡幕过程中所产生的声响受池壁、池底等多处反射和折射，使得声频混杂，形成的梯度声场并不是很显著。这样，鱼的听觉作用可能会减弱。同时气泵和船也会发出噪声，这对气泡幕拦鱼、集鱼也有不利影响。

不同鱼类的听觉敏感性及可听频率范围有相当大的差异，而气泡幕在形成、上升运动中产生的声响对不同的鱼影响也不同。在捕捞作业时，可结合气泡幕声响主动添加某一频率范围内的声音，使声响达到目标物种敏感区域，以便更好地引诱和驱赶鱼群，达到选择性捕捞的目的。

鱼类对气泡幕是否具有适应现象？研究黑鲷对气泡幕适应情况发现，黑鲷在气泡幕形成初期不敢穿过气泡幕，从开始通气到鱼第一次通过气泡幕的平均时间间隔都是第一次小于后两次，但方差分析表明无显著差异。在这以后的整个 1 h 通气过程中，黑鲷基本以相似的频率来回穿过气泡幕，说明黑鲷对气泡幕没有明显的适应现象。但有实验发现不同密度的气泡幕对红鳍东方鲀的平均阻拦率随着实验次数增多呈下降趋势，说明红鳍东方鲀对气泡幕能逐渐适应。两种海水鱼对气泡幕的适应情况不同，可能与形成不同密度气泡幕的参数不同有关，也与两种鱼不同的养殖环境有关。

（三）应用前景

研究气泡幕在鱼类行为中的应用，对渔业资源养护、减少环境污染、提高渔获量、建设海洋牧场和减少港口噪声等都具有重要的意义。首先，有效利用鱼类不同的视觉、听觉差异对气泡幕行为反应不同，引诱、驱赶目标鱼群，做到有选择性的捕捞；其次，将气泡幕与其他网控、声控、电控机制相结合，研制开发高效节能、环境友好型的网箱养殖设备，并应用在海洋牧场、工厂化渔业养殖区等；再次，利用气泡幕屏蔽噪声，防止海洋噪声污染，保护海洋生物，保持渔业资源可持续利用。相信气泡幕将在渔业捕捞和资源养护中发挥越来越广泛的作用。

二、光驱诱鱼技术

（一）光驱诱鱼的基本原理

鱼类趋向光源或是向光照度高的区域运动称为"正趋光性"，背离光源或向光暗区域运动称为"负趋光性"，对光照度的变化没有反应则称为"无趋光性"。

鱼类通过视觉器官感受光线的强弱，其视网膜的结构分为 10 层，由外向内分别为色素上皮层、视杆视锥层、外界膜、外核层、外网织层、内核层、内网织层、神经节细胞层、视神经纤维层和内界膜。视觉器官构造的不同可影响鱼类的行为能力和习性。杆状视觉细胞对光照度较敏感，主要用以分辨明暗；锥状视觉细胞对光线的波长即光照颜色敏感，主要用以分辨颜色。大部分鱼类的可视波长范围为 340 ～ 760 nm，其中 340 ～ 400 nm 波段属于紫外线，400～760 nm波段对应的光照颜色依次为紫色、蓝色、绿色、黄色、橙色和红色。1950年有学者就条石鲷（*Oplegnathus fasciatus*）、鳗鲡（*Anguilla japonica*）等12种鱼对各种光照颜色的趋性做了研究，结果发现条石鲷偏好选择蓝色和绿色光源，而鳗鲡则偏好红色光源；随后又有学者提出鱼类对光的趋避性与其个体大小有关，小鱼的趋光性很强。鱼类对持续性的光源（光照度和颜色）既可能产生正趋光性，也可能会产生负趋光性，但其对闪光一般都表现为回避行为。

（二）光照对鱼类趋避行为的影响

关于光对鱼类行为的影响，国外的研究相对较多，主要集中在光照度、光照颜色、闪光对鱼类行为的影响。其中，对海洋鱼类趋光技术的应用已较为成熟，对淡水鱼类趋光性的研究相对较少。

1. 光照度对鱼类趋避行为的影响

鱼类的趋光性与其视力有关，不同种类的鱼对光照度的趋光性表现出差异性。北方蓝鳍金枪鱼（*Thunnus thynnus*）和太平洋蓝鳍金枪鱼（*Thunnus orientalis*）在自然光照周期下的游泳方式会随着日出日落时环境光强度的不同而发生变化。关于鲟的趋避光行为，大西洋鲟（*Acipenser oxyrinchus*）幼鱼具有明显的趋光行为；太平洋鲟（*Acipenser medirostris*）整个生活史中既没有明显的趋光行为，也不避光；史氏鲟（*Acipenser schrenckii*）稚鱼在光照度100～1 100 lx的趋光率为49.55%，不存在显著的趋光性，当光照度超过13 000 lx时，其100%避光。随着光照度的增加，孔雀鱼（*Poecilia reticulata*）幼苗的趋光率有明显上升趋势，当光照度到达2 000 lx后，趋光率开始减小（罗清平等，2007）。

同种鱼在不同的发育阶段也会表现出趋光性的差异。大部分幼鱼的趋光性均较强。光照度对大部分仔鱼的生存有重要意义，适宜的光照度可将部分仔鱼诱向食料最佳、溶解氧状况和其他环境条件优良的地方。在较高的光照度下，太平洋鲱（*Clupea pallasi*）幼鱼呈现出正趋光性，其正趋光性行为会随着光照度的下降而减弱，直到光照度低于某一阈值，鲱幼鱼则呈现负趋光性；同时，鲱幼鱼向成体发展，对光照的敏感性也随之增强，由光适应转为暗适应。随着鳜（*Siniperca chuatsi*）的生长发育，其趋光性越来越弱，鱼群由强光区移至弱光区。对鳗鲡（*Anguilla japonica*）幼鱼的趋光行为研究表明，随着其生长发育，适宜光照度从 10 ~ 100 lx 逐渐转变为 1 ~ 10 lx。水平光梯度条件下，蓝圆鲹（*Decapterus maruadsi*）幼鱼、成鱼在 0.1 ~ 1 000 lx 的照度区均表现出趋光性，但幼鱼的趋光性更强。

2. 光照颜色对鱼类趋避行为的影响

光照颜色也是影响鱼类趋避行为的一个重要因素。鳜鱼苗在光场中的反应行为表明其具有一定的辨色能力，对黄色光源反应最强，其次是白光、红光、绿光，对蓝光的反应最弱；有关鲤对不同光照颜色的趋向性研究发现，不同的光照颜色对其诱集效果的影响大小依次为白光 > 红光 > 蓝光 > 绿光；在暗适应条件下，蓝圆鲹幼鱼和成鱼对蓝色光和绿色光的趋光率显著高于红光；孔雀鱼幼苗对短波长的蓝、绿光有明显的趋光性，在深色光的环境下活动稳定，而在红、黄光中显得惊慌不安，最终表现出避光性；奥尼罗非鱼（*Oreochromis aureus*）群体对不同单色光的趋光率也有显著差异，同一光照度，对蓝光、绿光的趋光率显著高于红光、黄光；在光照度一定、颜色不同的条件下，美国红鱼（*Sciaenops ocellatus*）对蓝光和绿光表现出负趋光性，鱼群在远离光源处游动。

3. 鱼类对突发光刺激的回避行为

突发光刺激是指光强或光色在短时间内发生变化对鱼形成的视觉冲击。目前国内外有关鱼类行为的光学研究多见于恒定光或渐变光，突发光刺激仅见于闪光灯的驱鱼研究。闪光灯是由短时间的间歇性高强光形成。鱼类对持续性的光源（光照强度和光照颜色）既可能产生正趋光性，也可能会产生负趋光性，但其对闪光一般均表现为回避行为。实验表明，闪光灯对灰西鲱（*Alosa pseudoharengus*）、美洲胡瓜鱼（*Osmerus mordax*）、美洲真鲦（*Dorosoma cepedianum*）、美洲狼鲈（*Morone americana*）、大西洋油鲱（*Brevoortia tyrannus*）和黄尾平口石首鱼（*Leiostomus xanthurus*）有明显的驱赶效果，在水电站的入水口使用闪光灯可以很好地控制鱼类的行为。研究证实，闪光灯对鱼类的驱赶效果与闪光频率和背景光的光照度有关。

（三）影响鱼类对光照趋避行为的因素

影响鱼类对光照趋避行为的因素有鱼类内在生物因素和外界环境因素。

1. 内在因素

内在生物因素主要是鱼类视觉器官的构造、发育阶段以及胃饱满度等。通常幼鱼与成鱼相比趋光性比较显著。尼罗罗非鱼（*Oreochromis niloticus*）随着生长发育，其趋光性逐渐下降；全长 30 ~ 40 mm 的夏花阶段是鳜由趋光向避光明显转变的过渡时期。胃饱满度对鱼类趋光性也有较大的影响。鱼类通常在摄食前更为活跃，花在游动与觅食上的时间更多；鲦鱼群在索饵前聚集在明亮的光照水域，索饵后会避开明亮的水域。

2. 外在因素

影响鱼类趋光性的外在因素主要包括其生活环境、光照刺激时间和水温等。行为是生物长期进化的结果，鱼类所选择的生活条件及行为也是其长期进化的结果。史氏鲟稚鱼为底层鱼类，主要分布在黑龙江流域中，生活环境比较混浊，原栖息地光线较弱，可能决定了在一定范围内史氏鲟对光照变化的反应不是很强烈。一般情况下，在低混浊度和流速较慢的水域，鱼类对闪光的回避行为在晚上或暗视力条件下表现得更强烈；长时间受到灯光照射而引起鱼类视力适应或是疲劳对其趋光性也有一定的影响。鱼类对光照的反应会随着时间的延续而产生适应性变化，分为暗适应和明适应。在灯光诱捕远东拟沙丁鱼时，集鱼时间以 30 min 为最合适，太早或太迟均会导致减产。水温对鱼类的趋光有重要的影响，鱼类处在适宜温度时趋光性较强，当水温超过或是低于适宜温度时，趋光性就会消失。用灯光诱鲱时发现，在温度适宜时鲱会随光源的移动而移动，但到达其不适应的水温层时，会出现负趋光性而远离光源。

（四）光照在鱼类行为中的应用前景

1. 光照在鱼类养殖与捕捞中的应用

随着科学技术的进步，人类对环境的影响越来越大，鱼类资源也不断下降，光照诱鱼技术作为重要的定向诱鱼技术之一，很早以前就被运用到实践中。为提高捕捞效率，我国在 20 世纪 30 年代就开始使用当时较明亮的汽油灯诱集鱼类。研究者对光照诱驱鱼进行系统的研究和报道始于 20 世纪 70 年代末，并且主要集中在光照对鱼类摄食的影响。通过研究不同颜色的光对鲤（*Cyprinus carpio*）的诱集效果，以及光照度对花鲈（*Lateolabrax japonicus*）幼鱼、史氏鲟（*Acipenser schrenckii*）稚鱼和暗纹东方鲀（*Takifugu obscurus*）稚鱼等摄食的影响，表明在适宜的光照度和光照颜色下，其摄食量明显可达到最大值。因此，在傍晚或夜间用适宜光将鱼苗引诱至较集中的区域摄食，有利于提高其摄食率。也可以在水库或是远洋捕捞业中，利用光照诱驱鱼达到聚集鱼群的效果，以提高捕捞效率。在鱼类养殖中，利用环道和网箱培育苗种时，可以选择适宜的光色将鱼苗诱离残饵污物区，提高清箱和分箱操作的效率。

2. 行为导向系统的应用

光学诱驱鱼在协助鱼类过坝以及水利工程的定向驱导实践中被证实有实际效果并具备较好的应用前景。目前，在欧洲应用最广的声光气鱼类诱导系统，可提供一套完整的鱼类行为检测系统，每一个鱼类行为检测系统均根据当地环境利用气泡幕、声学信号、灯光系统或电场量身打造；该技术依靠鱼的行为排斥反应，而不是鱼的身体直接接触，被称为"行为导向系统"。行为导向系统中所提供的一些水下光照灯系统（高光照度的灯条系统或高光照度的光圈系统），配合声系统和气泡系统引导鱼群移动或是实现驱赶效果。研究表明，该系统在鱼类下行过坝中可能实现定向驱赶下行的褐鳟（*Salmo trutta*）。总之，国外研究已经证明了光诱驱鱼技术具有广阔的应用前景。尽管我国还少见关于光诱导鱼的研究报道，但其机制以及应用前景值得关注，亟待挖掘。

三、鱼类标志技术

鱼类的标志技术主要分为五大类，分别是体外标志（external tag and mark）、体内标志（internal tag and mark）、化学标志（chemical mark）及微卫星DNA标志（molecular marker）。

（一）体外标志

1. 切鳍标志法

切鳍标志法是指切除鱼类的一个或多个鳍条的全部或部分作为标志的一种标志方法。全部切除会阻碍鳍的生长，从而产生永久的标志，但可能影响动物游泳能力，而部分切除则因鳍条的再生只能产生短期的标志。为了尽量减少对鱼类的游泳影响，切除的部位一般为一侧腹鳍和脂鳍。通常情况，再生的鳍条会与本身的鳍条形状不重合，有一定的扭曲性，一定程度上可以辨认，但也有研究表示辨认困难，准确率较低。随着技术的发展，切鳍标志法逐渐被淘汰。

2. 挂牌标志法

挂牌标志是将写有被标志鱼信息的挂牌用专门材料（不锈钢丝、聚酯纤维等）固定在鱼体上，依据固着方式不同，可分为三类：穿体标志、箭形标志和内锚标志。前两类固着在鱼体背部肌肉，第三类则固着在鱼体腹部。挂牌标志操作方法较简单，成本低，且肉眼可识别，因此被广泛应用。但是，可能会对被标志鱼类的生长、游泳及摄食带来一定程度的影响，因此，一般用于个体较大的鱼，如体长在15 cm以上的。

在利用标志牌对放流鱼进行标志时，不可避免地在鱼体标志部位形成伤口。若标志后被标志鱼不经处理直接放入野外环境中，被标志鱼的标志部位伤口容易恶化，形成坏死，将直接导致被标志鱼的死亡或生长抑制。

3. 弹出式卫星标志法

弹出式卫星标志（pop-up archival tag，PAT）是目前世界上较为先进的标志技术之一，通过卫星数据传输跟踪并记录被标志个体，主要应用于体型较大、洄游路线较长的珍稀濒危物种。PAT 标志自身携带传感器，能够记录被标志个体所经过水域的环境因子，到达预设时间后自动脱离被标志的个体浮出水面，其内部存储的所有信息将自动传输到卫星，研究人员可通过对原始数据的矫正分析得出被标志个体的洄游路线，游经水域的水温、盐度、水深，以及个体本身的生长情况等。

（二）体内标志

1. 被动集成应答器

被动集成应答器（passive integrated transponder，PIT）标志是一种基于无线射频识别的标志，以标志的方式识别目标生物体，主要应用于水生动物的行为、生存生长、分布、监测保护和渔业增殖放流效果评估等研究中。

PIT标志由芯片、收发器和天线 3 部分组成。PIT标签由天线线圈、电容器和电路板组成，内置于小型玻璃囊中，植入动物体内或体表皮肤下的肌肉组织中。当经PIT标志的动物进入连接收发器天线的读取范围内时，PIT标签的标志代码便被记录；收发器通过天线发送电流来激活标签，同时天线发射电磁信号，标签内的电路板通电后将标志的代码发送回收发器。

与其他标志技术相比，PIT标志具有信息储存量大、体积小、持久性强、识别度高、唯一性和性能稳定、频率足够低时易于识别，以及对生物体的生存、生长和游泳能力无显著影响等优点。但也存在不足之处，如有些种类肌肉植入时保留率低、手术伤口溃烂导致生物体死亡、标志迁移影响天线的检测等。PIT标志技术对于水生动物研究具有重要意义，并具有良好的发展趋势。

2. 内藏可视标标志法

内藏可视标并不是传统意义上的将标志体打在鱼体内部，而是标志在脂鳍、头部色素较少的软骨组织以及眼睑等部位，优点是操作简单、肉眼直接可见、不用将鱼处死就能识别被标志鱼。目前，常用的有两种内藏可视标：一是内藏元素可视标（visible implant alphanumeric tag，VIA），是由不同颜色的塑料薄片制成，元素包括字母、数字、特殊符号等以便区分不同标志个体；二是内藏可视橡胶标（visible implant elastomer tag，VIE），是由多种染料和橡胶混合而成，注射进鱼体 1 h 后由液态变成固态，仅可区分鱼体是否被标志，被标志的个体与个体间不可区分。

3. 编码金属标标志法

编码金属标（coded wire tag，CWT）是通过专门的标志枪将刻有不同编码并带有磁性的金属丝注射进鱼体内的标志方法。该方法造成的伤口小，很少引起组织、器官的损伤，与传统体外标志相比，几乎不会影响鱼的游泳和摄食。该标志对被标志鱼体的大小没有限制，既可标志大型鱼类，也可标志体型很小的鱼类。该标志的识别需配合自动监测仪或便携式检测仪等设备，自动监测仪能够大批量地处理渔获，价格昂贵；便携式检测仪价格低但检测速度相对较慢，可在渔获较少的情况下使用。

（三）化学标志

化学标志在鱼类增殖放流和渔业资源评估方面有着特殊作用，主要包括 2 种：同位素标志法和可见荧光标志法。

1. 同位素标志法

同位素标志法是将一些对鱼体无害的同位素混于饲料中或者将鱼放在含有同位素的水池中饲养一段时间，待同位素渗入鱼体内骨骼或者组织中，利用示踪原子探测器检出被标志鱼，进而估算种群密度及资源量。该方法可以大规模使用，对鱼体大小没有严格要求，但检测方法复杂，不易操作。

2. 可见荧光标志法

可见荧光标志法是将带有发光性质的染料注射到鱼体表皮组织，使其带有颜色或者发光的标志方法。荧光标志主要包括液体橡浆入墨标志、植入式可见荧光标志、荧光染料浸泡标志。荧光标志的保持率可能与鱼的种类、生活水深、鳞片的多少有关。

（四）微卫星 DNA 标志

微卫星 DNA 又称简单重复序列，是由 1 ~ 6 个碱基组成的短串联重复序列，其座位高度丰富，变异率高并且散布于整个真核生物基因组。微卫星技术是近年来广泛应用的 DNA 标志技术，利用它制备的 DNA 指纹图谱也具有极高的个体特异性，这些特点使得它尤其适合于亲子鉴定和血缘关系分析方面的应用。筛选出多态性高的微卫星位点，并根据它们的序列设计出合适的PCR引物，就可对物种身份进行精准的无损鉴定分析。

四、电屏栅拦鱼技术

电屏栅拦鱼技术主要是利用电极在水中放电产生电场，电场对鱼体产生明显的刺激作用，进而使鱼类产生避电行为，从而实现将放牧对象限定在一定范围内进行放牧养殖的效果。

在自然海域中，建造种苗中间养殖场，最主要的构造物是牧场用栅，即海域遮断技术。传统方法是采用网具形式，但网具网孔较小，容易附着海洋生物，不但防碍海水循环，而且还存在潮水带来的损坏或流失等问题。着眼于这一点，自然海域遮断技术应是不影响海水自然循环的无屏障（无形屏障）形式，其新型方法是用电刺激来达到控制鱼类行动的目的。

电屏栅拦鱼是目前防止天然水域放养鱼类逃逸的主要方法之一。它正是根据水中电场对鱼类具有刺激作用，而鱼类对这种刺激具有避电反应的现象，从而达到拦鱼的效果。所以，正确掌握不同种类和规格的鱼类对水中电场强度的反应情况，是电屏栅拦鱼成功的关键。

电刺激属于一种物理性环境刺激因子，鱼类在水中受到不同强度的电场刺激时，会产生各种异常反应，当电场电压过高时则会引起鱼的死亡。电捕鱼就是利用鱼类在水中受到一定强度的电场刺激会被击晕、休克、失去活动性而进行捕捞的一种方法。《中华人民共和国渔业法》明确规定："禁止使用炸鱼、毒鱼、电鱼等破坏渔业资源的方法进行捕捞。"

同一种类和规格的鱼，对水中不同的电场强度具有不同的反应，反应分为感电、驱电和麻醉3个阶段。确定拦鱼对象的感电电流、驱电电流、麻醉电流强度，可为电屏栅拦鱼装置提供关键的设计参数和科学依据。

气泡幕对许氏平鲉的阻拦效果实验

一、实验目的

（1）了解气泡幕拦鱼机制以及发生原理。

（2）学习气泡幕发生装置的制作。

（3）观察许氏平鲉对气泡幕的行为反应特征和变化规律。

（4）分析气泡幕对许氏平鲉的阻拦效果。

二、实验材料与设备

1. 实验用鱼

许氏平鲉（*Sebastes schlegelii*）50 尾，健康，活力较好。

2. 实验装备

气泡幕发生装置（孔径为 0.5 mm，孔间距为 5.0 cm）、循环水养殖水槽、充气泵、空气流量计、摄像机等。

三、实验原理

实验采用观察法、对照实验法和控制变量法。每次观察时在观察室利用摄像监控设备进行观察实验，并用生物统计的方法对统计数据进行分析，每组实验重复 3 次，采用 3 次实验的平均值。

（1）对相同数量的鱼，测试气泡幕发生装置摆放在实验水槽不同位置对鱼的阻拦状况的差异。通气管分别放在水槽长度的 1/4、1/2 和 3/4 处，与水槽左端距离分别为 0.85 m、1.70 m 和 2.55 m。随机选取 20 尾鱼（鱼群的密度分别为 12.52 尾/m²、6.26 尾/m²、4.17 尾/m²）。观察鱼在空白实验和通气实验中通过气泡幕的次数，每次实验进行 0.5 h，观察并记录每 10 min 穿过气泡幕的鱼的数量。

（2）将气泡幕放在水槽长度的 1/2 处，测试气泡幕对不同数量的鱼的阻拦效果。随机选取 5 尾、10 尾、15 尾、20 尾鱼进行实验，对应的鱼群密度分别为 1.56 尾/m²、3.12 尾/m²、4.69 尾/m²、6.26 尾/m²。观察鱼在空白实验和通气实验中通过气泡幕的次数，每次实验进行 0.5 h，观察并记录每 10 min 穿过气泡幕的鱼的尾次数。

通过率和阻拦率的计算公式：

$$f_{PR} = \frac{N_{PA}}{N_{PC}} \times 100\% \qquad (5\text{-}18\text{-}1)$$

$$f_{OR} = (1 - f_{PR}) \times 100\% \qquad (5\text{-}18\text{-}2)$$

式中：f_{PR}——通过率（%）；

f_{OR}——阻拦率（%）；

N_{PA}——0.5 h 通气实验中鱼通过气泡幕的尾次数（次）；

N_{PC}——0.5 h 空白实验中鱼通过气泡幕的尾次数（次）。

四、实验装置

实验设备连接示意图见图 5-18-1。

循环水养殖水槽（白色），长 3.40 m，宽 1.88 m，实验水深 0.5 m。实验室保持均匀光照，水面光强 20 ~ 80 lx，水温 15 ~ 17℃。在水槽底部中央铺设一根与水槽等宽的白色硬质塑料管，内径 2 cm，在塑料管上均匀打孔，孔距 2 cm，孔径 1 mm，两端密封，将国产"海平面"牌 ACO-009B 型号电磁式充气泵（功率 185 W，排气量 105 L/min）通过橡胶管与空气流量计、塑料管中部连接并充气，构成气泡幕发生装置。

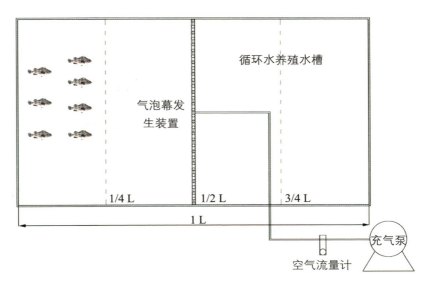

循环水养殖水槽

气泡幕发生装置

1/4 L　　1/2 L　　3/4 L

1 L

空气流量计　　充气泵

图 5-18-1　实验设备连接示意图

五、实验操作

（1）水池底部中线铺设一内径为 17.5 mm 的白色硬质塑料管，管的上侧钻有一排直径 0.5 mm 的小孔。由充气泵产生 105 L/min 的压缩空气，通过橡胶软管从水底塑料管出气孔喷出，在上升到水面的过程中，即形成均匀的气泡幕。

（2）随机取 20 尾状态正常的鱼放入实验水池适应 24 h，然后开始实验，实验时将鱼全部驱赶到气泡幕的一侧。实验分通气和不通气（对照）两部分配对进行，各 0.5 h。通过摄像系统观察鱼的行为，并随时记录鱼通过气泡幕（或水池中线）的时刻和数量。

气泡幕对鱼类的阻拦实验

135

六、实验注意事项

（1）暂养许氏平鲉时，在保证氧气够用的情况下，要尽量少充气，以防水体中产生大量气泡，影响实验效果。

（2）每个实验项目，先进行对照实验，后进行气泡幕实验。

（3）每个实验项目结束后，须更换实验用鱼，以防时间过久，且空间狭小，实验用鱼会对气泡幕产生适应性，影响后续实验效果。

七、实验报告与思考题

（1）分析许氏平鲉对气泡幕的行为反应特征。

（2）计算许氏平鲉的通过率和阻拦率。

（3）分析比较不同鱼群的密度对阻拦效果的影响。

大泷六线鱼标志实验

一、实验目的

（1）了解鱼类标志技术的分类。

（2）掌握鱼类体外标志方法。

二、实验材料与设备

1.实验用鱼

大泷六线鱼（*Hexagrammos otakii*）50 尾，健康，活力较好。

2.实验材料

丁香酚（麻醉剂）、荧光染色剂、土霉素（消毒剂）和 T 型标志牌等。

3.实验装备

标志枪、注射器等。

三、实验原理

标志放流技术是修复渔业资源、研究鱼类洄游和鱼类资源的方法，在鱼类资源养护、增殖效果评估中具有重要作用，是研究鱼类生活史及其资源时空分布格局的有效手段。选择适合的标志技术应综合考虑三方面因素，即标志成本、标志对个体存活生长的影响和标志持久度，三者均是评价标志技术是否合适的重要指标。常用的标志技术主要分为体外标志法和体内标志法，其中 T 型标志牌（图 5-19-1）标志法和可见荧光标志法应用较为广泛，具有

图 5-19-1　标志实验使用的 T 型标志牌

易操作、性价比高、标志保持率高、易于识别等优点，适合长时间的标志追踪研究，目前是鱼类批量标志放流的主要方法之一。

四、实验装置

T 型标志部位示意图如图 5-19-2 所示。

图 5-19-2　大泷六线鱼（*Hexagrammos otakii*）T 型标志部位示意图
（李莉，2021）

五、实验操作

1. 鱼类暂养

挑选体色正常、健康活泼、摄食良好的大泷六线鱼在循环水养殖水槽暂养 3 d，适应室内环境。实验开始前禁食 24 h。

2. 实验用品消毒

在实验开始前，将标志枪枪头和 T 型标志牌用 75% 酒精浸泡 5 min 消毒。

3. 麻醉

在进行标志操作之前，所有实验鱼用丁香酚（按丁香酚与酒精的体积比为 1∶9 配制后溶于海水）麻醉，麻醉剂浓度的选择标准为鱼体入麻时间快、恢复时间短、无不良副作用。实验鱼用 50 mg/L 丁香酚麻醉处理，待鱼体失去平衡、腹部向上翻转时迅速进行标志。

4. 标志操作

用专用的标志枪进行标志操作的具体步骤：戴上乳胶手套，随机选取处于麻醉状态的实验鱼，左手轻压鱼体，右手持标志枪，标志枪与鱼体呈 45°～60°角，将枪头自鳞下间隙插入鱼背鳍基部下方肌肉最厚的部位，快速按压扳机，将标志牌锚定端打入鱼体，切忌将标志枪枪头穿透鱼体。用手指轻压标志部位，快速抽出标志枪。

用专用注射器进行标志操作的具体步骤：戴上乳胶手套，随机选取处于麻醉状态的实验鱼，左手轻压鱼体，右手持注射器，将橙色荧光络合物注入实验鱼的头部皮层，并肉眼检查颜色标志是否完好。

5. 消毒

标志后将标志鱼放入 5 mg/L 土霉素的海水溶液中药浴 30 min 进行消毒处理，防止伤口感染，消毒过程中持续充氧。

鱼类标志

六、实验注意事项

（1）标志操作前，待标志鱼需要停食 24 h。

（2）T 型标志牌的锚定端长度、连接线长度和 T 端直径等直接影响标志牌的重量，进而影响挂牌标志的效果。研究发现 T 型标志牌的连接线长度过短可能会导致较高的脱标率，过长则会额外增加标志牌的重量，并且会增大标志鱼在水中游泳时的阻力。因此，要综合考虑以上因素来确定所需 T 型标志牌的规格。

（3）在对实验鱼进行标志时，为了避免对实验鱼造成创伤，一般会先对实验鱼进行麻醉。目前，丁香酚和MS-222被认为是最安全有效的麻醉药物，被广泛应用于鱼类催产、运输、标志放流等渔业生产和研究中。使用麻醉剂能使鱼保持镇静，减少应激引起的创伤，提高存活率。若麻醉剂的剂量过大或麻醉时间过长，会导致鱼类死亡，所以一次麻醉的鱼类数量不宜过多。大泷六线鱼应激反应强烈，若苗种不经过麻醉而直接进行标志操作，标志鱼剧烈挣扎，极易对标志鱼造成机械损伤，从而导致苗种标志后死亡。因此，有必要使用适量麻醉剂对其麻醉后进行标志操作。

（4）标志操作会对体表造成创伤，应选择鱼体背部肌肉较厚的位置进行操作，这个部位远离中枢神经和血液循环系统，对标志鱼的影响较小。将标志枪与鱼体呈 45° ~ 60° 角斜插入背部进行标志，可使标志牌向整个鱼体斜后方倾斜，减少鱼体在水中游泳时的阻力。

（5）在标志操作前，应对标志枪和T型标志牌进行消毒处理，并对标志鱼进行消毒处理，在标志后暂养 7 d 再进行放流，标志鱼的创口可在较短时间愈合，提高标志放流成功率。

七、实验报告与思考题

（1）鱼类标志技术能够应用于哪些领域？
（2）T型标志牌标记法和可见荧光标志法是常用的标志技术，请分析原因。

实 验 20

不同光照对许氏平鲉的诱集实验

一、实验目的

（1）了解灯光诱鱼、驱鱼的原理。

（2）掌握不同光色对许氏平鲉的诱集效果。

（3）掌握不同光照度对许氏平鲉的诱集效果。

二、实验材料与设备

1. 实验用鱼

许氏平鲉（*Sebastes schlegelii*）100 尾，健康、活力较好。

2. 实验材料

防水 LED 灯带、不透明胶带、黑色遮光布等。

3. 实验设备

视频监控装置、循环水养殖水槽、TES1330A 灯光照度测量仪。

三、实验原理及数据处理

1. 实验原理

　　光照是影响鱼类行为的主要环境因子之一，包括光照颜色（光色）和光照度等。鱼类对光的行为反应研究广泛应用于水产养殖、海洋捕捞和海洋牧场中。鱼类资源保护中，光诱驱鱼技术作为协助鱼类过坝的辅助措施，是行为导向系统的一部分，可配合声学系统、气泡系统吸引或驱赶鱼类通过过鱼设施。

为了确定适宜的光照因子（光色与光照度）进行鱼类的诱集以及开展养殖生产，学者开展了相关研究，发现不同类型的鱼类对光照表现出不同的行为反应，不同的光照可以影响鱼类的生长行为及生理因子。

2. 数据处理

本实验采用鱼分布百分比（P）、鱼群体重心位置［G（XG，YG）］、平均相对时间聚集率［R（t）］作为鱼类趋光性的评价指标。

（1）鱼分布百分比（P）：

$$P = \frac{某区鱼停留次数}{记录次数 \times 实验鱼尾数} \times 100\% \qquad （5-20-1）$$

（2）鱼群体重心位置［G（XG，YG）］：

设某次实验鱼各个体的瞬间位置为 $F_1(XF_1, YF_1, \cdots, F_i(XF_i, YF_i), F_N(XF_N, YF_N)$，其重心位置［$G$（$XG_j$，$YG_j$）］为

$$XG_j = \frac{1}{N} \sum_{i=1}^{N} XF_i, \quad YG_j = \frac{1}{N} \sum_{i=1}^{N} YF_i \qquad （5-20-2）$$

鱼群体重心位置为

$$XG_j = \frac{1}{M} \sum_{j=1}^{N} XG_j, \quad YG_j = \frac{1}{M} \sum_{j=1}^{M} YG_j \qquad （5-20-3）$$

（3）鱼群体重心与光源的平均距离为 D_{gr}，设光源的位置为 R（XR，YR），则

$$D_{gr} = \frac{1}{M} \sum_{i=1}^{M} \sqrt{(XR - XG_i)^2 + (YR - YG_i)^2} \qquad （5-20-4）$$

（4）平均相对时间聚集率［R（t）］：

$$R（t） = \frac{某区鱼停留时间}{实验次数 \times 观测时间} \times 100\% \qquad （5-20-5）$$

实验中发现许氏平鲉集群行为明显且在水槽中来回游动，因此，以 $R(t)$ 和 D_{gr} 作为衡量指标。观察实验录像，采用分段计时，从每段实验记录中随机截取 5 min 视频，以许氏平鲉的群体重心位置为对象，统计其在各区平均相对时间聚集率以及与光源的平均距离。

四、实验装备与装置

实验装置主要包括循环水养殖水槽和监控系统。

光源由布置于实验水槽底部的长为 0.5 m、宽为 10 mm 的 LED 灯带提供，灯带长于实验所需长度的部分用不透明胶带罩住。于垂直于循环水养殖水槽的方向平行布置 2 条灯带，两灯带之间用黑色遮光布隔开以防止两组光源相互干扰。灯带发光颜色分别为绿光、黄光、蓝光、红光和自然光，每米灯带的功率为 5 W。采用 TES1330A 灯光照度测量仪测定光照度。

监控系统由红外摄像机和录像机组成。固定摄像机 4 台，布置于循环水养殖水槽四角上方，移动摄像机 1 台，如图 5-20-1。通过 WAPA 波粒智能 H.264 数字硬盘录像机系统对实验过程进行观察并全程录像，观察室与水槽在不同房间（图 5-20-2）。

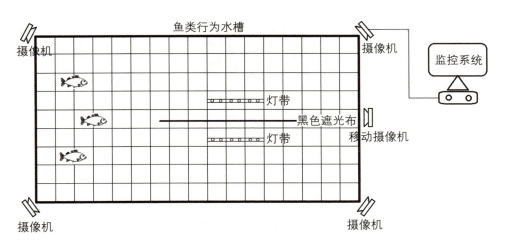

图 5-20-1　光色、光照度选择实验装置示意图

图 5-20-2 光色、光照度选择实验装置实际效果图

五、实验操作

（1）鱼类在水槽暂养 7 d，适应室内环境。

（2）实验选择绿光、黄光、蓝光、红光和自然光，分别在遮光布两边放置 1 条光带，每次观察 30 min，记录实验鱼在标记区域停留的次数。

不同光色对鱼类的诱集实验

（3）选择效果最好的色光，分别做 5 W、10 W 和 15 W 的强度实验。

（4）记录实验数据，进行分析处理。

六、注意事项

（1）为了避免自然光的影响，实验时间为 19：00 之后。

（2）为了减少人为影响，光带放好之后，人立即离开，通过高清摄像机观察记录实验鱼的分布区域。

七、实验报告与思考题

（1）计算许氏平鲉在同种光照度不同光色下的聚集率，并画出柱状图，分析诱集效果最好的光色。

（2）计算许氏平鲉在同种光色不同光照度下的聚集率，画出柱状图，分析诱集效果最好的光照度。

实 验 21

闪光模式对过鱼对象阻拦效果实验

一、实验目的

（1）了解灯光驱鱼的原理。

（2）掌握灯光驱鱼装置的制作。

二、实验材料与设备

1. 实验用鱼

许氏平鲉（*Sebastes schlegelii*）100 尾，健康、活力较好。

2. 实验耗材

防水灯带、不透明胶带等。

3. 实验设备

调光控制器、视频监控装置、循环水养殖水槽、灯光照度测量仪。

三、实验操作

设置 3 种闪光模式：单闪（闪光频率 72 次 /min）、双闪（闪光频率 43 次 /min）和变闪（闪光频率 62 次 /min）。

每组实验选取 20 尾健康活泼的实验鱼置于水槽内灯带同一侧（图 5-21-1），待适应水槽环境后开始实验。实验鱼在距离闪光灯带 15 cm 范围内停留 3 s 以上，企图通过而未通过灯带并游离开的情况视为被阻拦。

每种闪光模式实验结束后，更换灯带和实验用鱼。

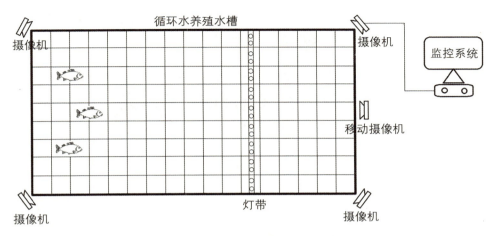

图 5-21-1　闪光模式实验装置示意图

四、数据处理

统计记录 1 h 内每 10 min 实验鱼企图通过闪光灯的尾次数及被阻拦的尾次数，为了去除第 1 个 10 min 实验环境突变对鱼造成的刺激，实验将第 1 个 10 min 的异常数据剔除，另外，去除实验中明显存在异常的值后求平均值，对 3 个重复实验的均值再求平均值，即分别得到实验组每 10 min 内实验鱼企图通过闪光灯的尾次数及被阻拦的尾次数的平均值，计算阻拦率，与对照鱼、其他实验组进行比较。

五、思考题

（1）观察许氏平鲉对不同闪光频率的灯带的行为特征。

（2）计算分析不同闪光频率对许氏平鲉的阻拦效率。

鱼类对电流应激反应实验研究

一、实验目的

（1）测定鱼类对电流三态反应的电流值。

（2）了解电屏栅拦鱼技术的原理。

二、实验材料与设备

1. 实验用鱼

许氏平鲉（*Sebastes schlegelii*）20 尾，健康、活力较好。

2. 实验设备

直流电源稳压器、小型水槽和万用表。

三、实验原理

电作为驱赶和拦截鱼类的辅助手段已被普遍运用，其原理是根据水中电场对鱼类具有刺激作用，进而让鱼类对水中电场做出避电反应的行为，从而达到驱赶和拦截的效果。同一种类不同规格的鱼，对水中不同的电场强度具有不同的反应，分为感电、驱电和麻醉，即鱼类的三态反应。若电场强度选择不当，要么没有效果，要么会大量杀伤鱼类，对鱼类资源造成破坏。所以，正确掌握同种不同规格的鱼对水中电场强度的反应情况，是电屏栅拦鱼成功的关键。

四、实验装置

实验装置为 0.60 m × 0.45 m × 0.40 m 玻璃水槽，水深 0.20 m，电源采用 YA1720A 型直流电源稳压器，可调电压范围为 0 ~ 60 V。用两块铝网作为平板电极固定于水槽两端，用铜制导线将两极板分别与电源的"+""−"极连接，组成实验装置（图 5-22-1），通电后可在水槽中形成均匀电场，两极板间的电场强度可通过直流电源稳压器调节。该实验装置可通过测试鱼类对电场强度的反应，确定相应的感电电流、驱电电流、麻醉电流强度，为拦导鱼并帮助其通过过鱼设施提供科学的依据。

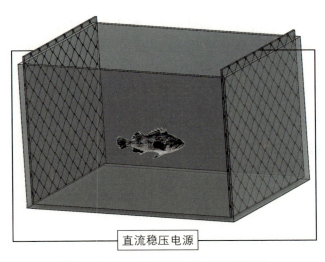

直流稳压电源

图 5-22-1　电流应激反应测试装置图

五、实验内容

1. 感电电流、电压实验

将实验用鱼放入实验水槽内适应 0.5 h 后，将电源电压以 0.3 V 的梯度从 0 开始逐渐向上调高，每达到 1 个电压梯度便打开电源开关持续 20 s，观察鱼的反应状态，然后关闭电源，休息 1 min 后再进行下一个电压梯度的实验。当实验用鱼出现轻微抖动，而后恢复正常状态时即为感电状态，用万用表测出电压、电流值，确定感电反应的最小电压、电流值。

2. 趋电电流、电压实验

随着电压的上升，鱼头部会逐渐转向阳极，并缓慢向阳极游动，即出现趋电反应，一般持续 10 s 左右鱼的"趋阳"现象就会消失，恢复到感电状态，用万用表测出电压、电流值，确定趋电反应的最小电压、电流值。

3. 麻醉电流、电压实验

当电场强度接近麻醉电流强度阈值时，在打开电源的瞬间鱼会快速撞向阳极，并不离开阳极一侧，鱼体抽搐、僵硬，失去游泳能力。当电场强度达到麻醉电流强度阈值时，鱼完全丧失游泳能力，鱼体僵硬、不能摆动。随着通电时间的增加，鱼体倾斜、腹部朝上。当出现麻醉现象时，迅速用万用表测出电压、电流值，确定麻醉反应的最小电压、电流值，并断开电源。

六、实验报告与思考题

（1）观察鱼类随着电压的调高的行为反应特征。

（2）分析鱼类三态反应值与体长、体重的关系。

参 考 文 献

白艳勤，陈求稳，许勇.光驱诱技术在鱼类保护中的应用［J］.水生态学杂志，2013，34（4）：85-88.

陈冬明，刘小红，黄自豪，等.幼鱼阶段电刺激对稀有鮈鲫性腺发育及繁殖的影响［J］.淡水渔业，2016，46（2）：20-28.

陈婧.分层网箱中大菱鲆自主分层行为及网箱耐流特性试验研究［D］.青岛：中国海洋大学，2016.

陈文蕾，王欣，唐衍力.山东省休闲海钓发展研究［J］.海洋与渔业，2020（4）：60-63.

陈勇，于长清，张国胜，等.人工鱼礁的环境功能与集鱼效果［J］.大连水产学院学报，2002，17（1）：64-69.

陈钊，黄六一，黄洪亮，等.固定气泡幕对许氏平鲉阻拦效果的研究［J］.中国海洋大学学报（自然科学版），2017，47（3）：51-57.

程晖，黄六一，倪益，等.水流条件下单点系泊不同结构"钻石型"重力式网箱的水动力特性数值模拟［J］.中国海洋大学学报，2019，49（3）：161-170.

褚云冲，王伟夫，胡江军，等.光照对短须裂腹鱼生长及生理影响研究［J］.渔业科学进展，2020，41：1-7.

董登攀，李富兵，万东，等.光照对四川裂腹鱼集群行为的影响研究［J］.海洋湖沼通报，2021（2）：139-143.

房元勇.章鱼增殖礁的试验研究［D］.青岛：中国海洋大学，2009.

高士友，黎宇航，周野飞，等．熔融沉积（FDM）3D打印成形件的力学性能实验研究［J］．塑性工程学报，2017，24（1）：200-206.

郝雅宾，刘金殿，郭爱环，等．PIT标记在水生动物研究中的应用研究进展［J］．海洋渔业，2019，41（2）：242-249.

何大仁，蔡厚才．鱼类行为学［M］．厦门：厦门大学出版社，1998.

黄六一，陈婧，李龙，等．气泡幕对许氏平鲉的阻拦效果研究［J］．渔业现代化，2016，42（6）：55-60.

黄六一，陈婧，李龙，等．不同密度日本真鲈对气泡幕阻拦的行为反应研究［J］．渔业信息与战略，2017，32（2）：118-123.

黄六一，倪益，程晖，等．基于模型试验准则的重力式圆形网箱水动力比较研究［J］．渔业现代化，2019，45（2）：7-12.

纪毓昭，王志勇．我国深远海养殖装备发展现状及趋势分析［J］．船舶工程，2020，42（S2）：1-4，82-83.

姜昭阳，张国胜，于江波，等．鲤、草鱼在400Hz矩形波连续音驯化下对模型网的行为反应研究［J］．中国海洋大学学报，2008，38（1）：073-077.

柯福恩，曹正光，张启伦，等．几种淡水鱼类对水中交流电场强度反应的试验［J］．淡水渔业，1982（5）：25-28.

兰孝正，万荣，唐衍力，等．圆台型人工鱼礁单体流场效应的数值模拟［J］．中国海洋大学学报，2016，46（8）：47-53.

李莉，刘云凌，张树东，等．大泷六线鱼T型标志牌标志技术研究［J］．渔业研究，2021，43（2）：193-199.

李玉成，毛雨婵，桂福坤．不同配重方式和配重大小对重力式网箱受力的影响［J］．中国海洋平台，2006，21（1）：6-15.

林超，桂福坤．不同光色下人工鱼礁模型对褐菖鲉和日本黄姑鱼诱集效果试验［J］．渔业现代化，2013，40（2）：66-71.

刘晓，黄六一，刘长东，等．光照颜色对虹鳟行为反应、血浆皮质醇和生化指标的影响［J］．水产学报，2021（5）：740-747.

罗会明，郑微云.鳗鲡幼鱼对颜色光的趋光反应［J］.淡水渔业，1979（8）：1-9.

罗会明.光刺激时间与鱼趋光反应变化的关系［J］.海洋渔业，1981（1）：16-17.

罗清平，袁重挂，阮成旭，等.孔雀鱼幼苗在光场中的行为反应分析［J］.福州大学学报，2007（4）：631-634.

乔云贵，黄洪亮，陈帅，等.气泡幕在鱼类行为研究中的应用［J］.现代渔业信息，2011，26（12）：29-32.

盛化香，唐衍力，黄六一，等.3D打印技术在增殖工程与海洋牧场实验教学中的应用［J］.大学教育，2021（6）：74-76.

石建高，张硕，刘福利.海水增养殖设施工程技术［M］.北京：海洋出版社，2018.

唐衍力，王磊，梁振林，等.方型人工鱼礁水动力性能试验研究［J］.中国海洋大学学报，2007，37（5）：713-716.

唐衍力，房元勇，梁振林，等.不同形状和材料鱼礁模型对短蛸诱集效果的初步研究［J］.中国海洋大学学报，2009，39（1）：43-46.

唐衍力，于晴.基于熵权模糊物元法的人工鱼礁生态效果综合评价［J］.中国海洋大学学报，2016，46（1）：18-25.

唐衍力，孙晓梅，盛化香，等.威海小石岛人工鱼礁区渔获物组成特征及与环境因子的关系［J］.中国海洋大学学报，2016，46（5）：22-31.

唐衍力，白怀宇，盛化香，等.海州湾前三岛鱼礁区许氏平鲉的分布及YPUE与近礁距离的关系［J］.中国海洋大学学报，2016，46（11）：151-156.

唐衍力，龙翔宇，王欣欣，等.中国常用人工鱼礁流场效应的比较分析［J］.农业工程学报，2017，33（8）：97-103.

唐衍力，程文志，孙鹏，等.山东近岸3处人工鱼礁区VPUE的分析研究［J］.中国海洋大学学报，2017，47（3）：43-50.

唐衍力，唐璐璐，孙利元，等．添加牡蛎壳粉对混凝土鱼礁性能的影响［J］．中国海洋大学学报，2019，49（S1）：1-8．

唐衍力，解涛，于浩林，等．环境与摄食对山东省近海鱼礁区不同体长许氏平鲉分布的影响［J］．水产学报，2020，44（6）：924-935．

田方，唐衍力，唐曼，等．几种鱼礁模型对真鲷诱集效果的研究［J］．海洋科学，2012，36（11）：85-89．

万荣，宋协法，唐衍力，等．渔具模型空间形状的计测方法［J］．水产学报，2004，28（4）：443-449．

王新萌，唐衍力，孙晓梅，等．威海小石岛人工鱼礁海域渔获物群落结构特征及其与环境因子相关性［J］．海洋科学，2016，40（11）：34-43．

王子仁，高岚．鱼类视神经损伤和再生的研究［J］．甘肃教育学院学报，1999，13（1）：39-45．

魏青松．增材制造技术原理及应用［M］．北京：科学出版社，2017．

邢彬彬．鱼类听觉能力研究［D］．上海：上海海洋大学，2018．

杨红生．海洋牧场构建原理与实践［M］．北京：科学出版社，2017．

杨金龙，吴晓郁，石国峰，等．海洋牧场技术的研究现状和发展趋势［J］．中国渔业经济，2004（5）：48-50．

于晴，唐衍力．威海西港人工鱼礁区鱼类和大型无脊椎动物群聚特征［J］．渔业现代化．2015，42（3）：65-72．

俞文钊，何大仁，郑玉水．在光梯度条件下蓝圆鲹、鲐鱼的行为反应［J］．厦门大学学报（自然科学版），1978（4）：1-13．

张国胜，张阳，王利民，等．300Hz脉冲音对许氏平鲉幼鱼的驯化效果［J］．大连海洋大学学报，2010，25（5）：413-416．

张沛东，张国胜，张秀梅，等．音响驯化对鲤鱼和草鱼的诱引作用［J］．集美大学学报（自然科学版），2004，9（2）：110-115．

张堂林，李钟杰，舒少武．鱼类标志技术的研究进展［J］．中国水产科学，2003，10（3）：246-253．

赵锡光，何大仁．几种孔径气泡幕对黑鲷的阻拦作用［J］．厦门大学学报（自然科学版），1989，28（1）：83-87.

赵锡光，何大仁，刘理东．不同孔距固定气泡幕对黑鲷的阻拦效果［J］．海洋与湖沼，1997，28（3）：285-293.

赵锡光，何大仁．黑鲷和青石斑鱼对气泡幕反应的比较［J］．青岛海洋大学学报（自然科学版），1997，27（1）：33-40.

赵云鹏，李玉成．配重变化对重力式网箱网衣水动力特性影响数值分析［J］．大连理工大学学报，2006，（S1）：198-205.

周辉霞，甘维熊．鱼类标记技术研究进展及在人工增殖放流中的应用［J］．湖北农业科学，2017，56（7）：1206-1210.

周应祺．应用鱼类行为学［M］．北京：科学出版社，2011.

周应祺，许柳雄．渔具力学［M］．北京：科学出版社，2018.

Blaxter J. Visual thresholds and spectral sensitivity of herring larvae［J］. Journal of Experimental Biology，1968，51（1）：39-53.

Block B A，Dewar H，Blackwell S B，et al. Migratory movements，depth preferences，and thermal biology of Atlantic bluefin tuna［J］. Science，2001，293：1310-1314.

Jiang Z Y，Liang Z L，Zhu L X，et al. Effect of hole diameter of rotary-shaped artificial reef on flow field［J］. Ocean Engineering，2020，（197C）：106917.

Kynard B，Horgan M. Ontogenetic behavior and migration of Atlantic sturgeon，*Acipenser oxyrinchus*，and shortnose sturgeon，*A. brevirostrum*，with notes on social behavior［J］. Environmental Biology of Fishes，2002，63：137-150.

Owen M A G，Davies S J，Sloman K A. Light colour influences the behaviour and stress physiology of captive tench［J］. Reviews in Fish Biology and Fisheries，2010，20（3）：375-380.

Popper A N，Fay R R. Rethinking sound detection by fishes［J］. Hearing

Research, 2011, 273 (1-2): 25-36.

Sun P, Liu X Z, Tang Y L, et al. The bio-economic effects of artificial reefs: mixed evidence from Shandong, China [J]. ICES Journal of Marine Science, 2017, 74 (8): 2239-2248.

Tang Y L, Yang W Z, Sun L Y, et al. Studies on factors influencing hydrodynamic characteristics of plates used in artificial reefs [J]. Journal of Ocean University of China, 2019, 18 (1): 193-202.

Verheyen F J. 1959. Attraction of fish by the use of light [J]. Modern Fishing Gear of the World, 1959, 1: 548-549.

Wang X M, Sun P, Tang Y L, et al. Distribution characteristics of fat greenling (*Hexagrammos otakii*) inhabiting artificial reefs around Qiansandao Island, Haizhou Bay, China [J]. Journal of Ocean University of China, 2019, 18 (5): 1227-1234.

Yu H L, Yang W Z, Liu C D, et al. Relationships between community structure and environmental factors in Xixiakou artificial reef area [J]. Journal of Ocean University of China, 2020, 19 (4): 883-894.